WALTER ÁRPÁD FÖLDEÁK

HUNDERT PREISGEKRÖNTE SCHACHPARTIEN

HUNDERT PREISGEKRÖNTE SCHACHPARTIEN

Gesammelt und erläutert

von Walter Árpád Földeák

BERLIN 1952

WALTER DE GRUYTER & CO.

Archiv-Nr. 53 36 52 Printed in Germany

Satz: Walter de Gruyter & Co., Berlin W 35 Druck: Sala-Druck, Berlin N 65

Vorwort

Diese Sammlung enthält 100 auserlesene Partien. Der Geschmack ist verschieden und der Begriff „Schönheit“ im Schach zweifelhaft und umstritten, was sich auch in der Auffassung der Preisrichter über den Wert der einzelnen Partien widerspiegelt.

Im Schach sind große Leistungen nur durch Zusammenwirken zweier Individualitäten möglich; wo kein Widerstand ist, gibt es auch keinen Kampf. Eine preisgekrönte Partie ist auch für den Unterlegenen ehrenvoll und so soll sich der Nachspielende nicht daran stoßen, daß einige große Meister (Dr. Euwe, Grünfeld, Dr. Lasker, Nimzowitsch, Rubinstein, Dr. Tartakower) statistisch gesehen so „schlecht“ in dieser Sammlung abschneiden. Das bedeutet nur, daß es eine Ehre und ein besonderer Erfolg war, gegen sie zu gewinnen.

Die Auslese besorgte aus der Fülle von etwa 600 Partien ein bisher unbekannter Autor: Walter Arpád Földeák, der sich mit dieser Auswahl und den Anmerkungen, die er gibt, einen guten Namen sichert. Bei einigen Partien waren ihm in der Literatur enthaltene oft entgegengesetzte Analysen der Meister sehr von Nutzen. Die Sammlung entstand in den Jahren des Krieges.

Die Reihenfolge der Partien gestaltete sich zwanglos wie folgt: zuerst werden flotte Angriffspartien mit leichterer Spielführung gebracht, dann nach und nach ernstere Leistungen, bis wir zu den besten strategischen Kunstwerken (Partien 45—49) gelangen. Ihnen schließen sich Spiele an, in denen der Gewinner den Erfolg auf Grund seiner Verteidigungskraft davon trug.

Es folgen dann Partien, in welchen einzelne Figuren eine dominierende Rolle spielen: der König in Nr. 57—59, die Dame in 60—62, die Türme in 63 und 64, die Läufer in 65 und 66, die Springer in 67—69, die Bauern in 70—74 und die Qualität in 75 und 76.

Die nächsten 15 Partien stellen gute Leistungen auf dem Gebiete der Eröffnung und des Mittelspiels dar mit einheitlicher Linie: Partien aus einem Guß. Die Spiele 92—94 wurden wegen ihres Endspielinhaltes ausgezeichnet. Den Schluß bilden einzigartige effektvolle Mattkombinationen.

Dem Verfasser waren in den Kriegszeiten einige Quellen, hauptsächlich die russischen, nicht zugänglich. Sollte dieser Band Anerkennung und Verbreitung finden, so wird in Kürze eine zweite Auslese unter Berücksichtigung des russischen und transatlantischen Stoffes und mit Fortführung bis zu unseren Tagen folgen.

Györ, im Sommer 1951

Franz Chalupetzky

Anmerkung des Verlages: Der ungarische Altmeister Franz Chalupetzky, der mit dem Verfasser dieses Buches zusammengearbeitet hat, ist am 19. August 1951 in Györ verstorben.

Inhalt

	Seite
Marshall—Burn	1
Palai—te Kolsté	1
Colle—O'Hanlon	2
Spielmann—Walter	2
Spielmann—L'Hermet	4
Swiderski—Marshall	4
Spielmann—Grünfeld	5
Schlechter—Leonhardt	6
Dr. Perlis—Mieses	7
Yates—Marshall	8
Thomas—Marshall	9
Capablanca—Brinckmann	10
Réti—Bogoljubow	11
Zinkl—Metger	12
Lasker—Blackburne	13
Bogoljubow—Ahues	15
A. Steiner—Tatakower	16
Lipke—Janowski	17
Richter—Abramavicius	19
Richter—Nielsen	20
Nimzowitsch—Tarrasch	20
Steinitz—Lasker	22
Réti—Wolf	23
Colle—Grünfeld	24
Capablanca—Bernstein	25
Aljechin—Alexander	27
Aljechin—Marshall	28
Halprin—Pillsbury	29
Eliskases—Gilg	31
Rauser—Botwinnik	32
Réti—Snosko-Borowski	34
Nimzowitsch—Vidmar	35
Feilitzsch—Keres	36
Nimzowitsch—Marshall	38
Colle—P. Johner	39
Gunsberg—Schallop	40
Spielmann—Tarrasch	41
Spielmann—Bogoljubow	42
Grünfeld—Réti	43
Corzo—Capablanca	44
Eliskases—Grünfeld	46
Spielmann—Rubinstein	47
Engel—Kostitsch	49
Rubinstein—Aljechin	50
Mason—Janowski	52
Duras—Spielmann	54
Wolf—Rubinstein	55
Capablanca—Lasker	57
Capablanca—Ragosin	59
Marshall—Maróczy	61
Taubenhaus—Maróczy	62
Vidmar—Euwe	63
Mieses—Marco	65
Sultan Khan—Maróczy	66
Kashdan—Flohr	67
Spielmann—Colle	70
Tarrasch—Réti	71
Tschigorin—Mortimer	72
v. Scheve—Fahrni	73
Aljechin—Wolf	75
Aljechin—Yates	76
Mieses—Janowski	78
Duras—Teichmann	79
Spielmann—Rubinstein	81
Landau—Böök	82
Tartakower—Burn	83
Teichmann—Schlechter	84
Eliskases—Muffang	85
Bird—Mason	86
Maróczy—Euwe	88
Maróczy—Canal	89
Tarrasch—Tartakower	91
Mieses—Bardeleben	92
Burn—Snosko-Borowski	93
Schlechter—Salwe	95
Lilienthal—Ragosin	96

	Seite
Leonhardt—Tarrasch	98
Janowski—Tarrasch	99
Grünfeld—Euwe	100
Mieses—Möller	102
Isbinski—Wjachirew	104
Tartakower—Maróczy	105
Duras—E. Cohn	107
Pillsbury—Lasker	109
L. Steiner—Canal	111
Snosko-Borowski—Thomas	112
Havasi—Merényi	113
Stahlberg—Aljechin	115
Janowski—Rubinstein	116
Maróczy—Janowski	117
Nimzowitsch—Capablanca	119
Maróczy—Grünfeld	121
Aljechin—Tartakower	123
Marco—Maróczy	124
Janowski—Sämisch	127
Reggio—Mieses	128
Maróczy—Tartakower	129
Sämisch—Grünfeld	131
Eliskases—W. Henneberger	132
Steinitz—Bardeleben	133

1. Italienische Partie

Blitzkrieg am Schachbrett!

Marshall — Burn

Ostende, 1905; II. Schönheitspreis

1. e2—e4 e7—e5
2. Sg1—f3 Sb8—c6
3. Lf1—c4 Lf8—c5
4. c2—c3 Sg8—f6
5. d2—d4 e5:d4
6. c3:d4 Lc5—b4†
7. Ke1—f1

Die selten gespielte Krakauer Variante. Üblich ist Ld2 oder Sc3, Marshall wollte aber den erfahrenen Gegner vor neue Probleme stellen.

7. . . ., Sf6:e4.

Zweckdienlicher war d5, 8. ed5: Sd5:, denn Weiß erlangt nun einen stürmischen Angriff.

8. d4—d5 Sc6—e7
9. Dd1—d4 Se4—f6
10. Lc1—g5 Se7—g6
11. Sb1—d2 h7—h6

Nach 0—0 12. Se4 Le7, 13. d6 wird Schwarz kaum je zur Entwicklung kommen.

12. Ta1—e1† Ke8—f8

Le7 führt rasch in den Abgrund: 13. Lf6: gf6:, 14. d6! cd6:, 15. Df6: Tf8, 16. Se4! usw.

13. Lc4—d3! Lb4—e7

Ld2:, 14. Ld2: d6 sollte versucht werden

14. Ld3:g6 h6:g5

fg6: verbietet sich natürlich wegen 15. Se5! De8, 16. Dd3! hg5:, 17. Sg6:† usw.

15. Sf3—e5!

Marshall läßt nicht locker, solche Stellungen liegen ihm besonders.

15. . . . f7:g6
16. Se5:g6† Kf8—f7
17. Te1:e7†! Kf7:g6

Schwarz sollte sich zu De7: entschließen, die Partie war aber auch so nicht zu retten.

18. Dd4—d3† Kg6—h6
19. h2—h4!

Ein eleganter Gnadenstoß.

19. . . . g5—g4

Zu einem hübschen Matt führt De7: 20. hg5:† Kg5:, 21. Sf3† Kf4, 22. g3† Kg4, 23. Dg6† Kf3:, 24. Df5 Matt. 21. . . . Kg4, 22. Dg6† usw. bedeutet nur Zugumstellung.

20. h4—h5! Sf6:h5
21. Dd3—f5 Aufgegeben, das Matt ist unabwendbar (g6 22. Th5:†).

2. Damenbauerspiel

Sorgloses Spiel wird schlagend bestraft.

Palau — te Kolsté

Londoner Olympia 1927, Spezialpreis.

1. Sg1—f3 Sg8—f6
2. d2—d4 g7—g6
3. Sb1—c3 d7—d5
4. Lc1—f4 Sf6—h5
5. Lf4—e5 f7—f6
6. Le5—g3 Sh5:g3

Schwarz hat ein schlechtes Geschäft gemacht: die verlorenen Tempi und die Bauernschwächen sind ein hoher Preis für den Läufer.

7. h2:g3 c7—c6
8. e2—e3 Lf8—g7
9. Lf1—d3 e7—e5?

Darauf bricht eine Lawine los und zertrümmert die schwarze Stellung. Nach Kf7 war im Augenblick keine Gefahr zu sehen.

10. Th1:h7! Ke8—f7

Auf andere Züge folgt Tg7: oder Lg6:.

11. Ld3:g6†!

In Verbindung mit dem nächsten Zuge eine böse Überraschung.

11. ... Kf7:g6
12. Sf3:e5†! f6:e5

Es gibt bereits keine Rettung. Nach Kh7: entscheidet 13. Dh5† Kg8, 14. Df7† Kh7, 15. 0—0—0 sofort.

13. Dd1—h5† Kg6—f6
14. Dh5:e5† Kf6—f7
15. De5:g7† Aufgegeben, es folgt Matt im nächsten Zuge.

3. Damenbauerspiel

Weiß nützt einen Fehler des Gegners durch schönen Opferangriff aus.

Colle — O'Hanlon
Nizza 1930, Schönheitspreis.

1. d2—d4 d7—d5
2. Sg1—f3 Sg8—f6
3. e2—e3 c7—c5!

Weiß „verteidigt" das Damengambit; der Gambitzug ist also die gegebene Fortsetzung für Schwarz.

4. c2—c3

Das sogenannte Colle-System.

4. ... e7—e6
5. Lf1—d3 Lf8—d6
6. Sb1—d2 Sb8—d7

Natürlicher und besser war Sc6.

7. 0—0 0—0
8. Tf1—e1 Tf8—e8

Nach e5 9. e4 entstehen kaum erwünschte Verwicklungen, wobei der schwarze Damenflügel schwer entwickelt werden kann.

9. e3—e4 d5:e4
10. Sd2:e4 Sf6:e4
11. Ld3:e4 c5:d4?

Sf8 sollte geschehen; Weiß ergreift sofort die sich bietende Gelegenheit.

12. Le4:h7† Kg8:h7
13. Sf3—g5† Kh7—g6

Nach Kg8 14. Dh5 wird die schwarze Stellung bald unhaltbar, z. B. Df6 15. Dh7† Kf8, 16. Se4 De5, 17. Sd6: Dd6:, 18. Dh8† Ke7, 19. Dg7: usw.

14. h2—h4! Te8—h8
15. Te1:e6†! Sd7—f6

Der Turm ist wegen 15. Dd3† Kf6, 16. Df3† Kg6, 17. Df7† Kh6, 18. Se6:† tabu!

16. h4—h5†! Kg6—h6

Th5: hat Matt in zwei Zügen zur Folge.

17. Te6:d6

Weiß gewinnt, wie er will, z. B. auch durch Sf7:†.

17. ... Dd8—a5
18. Sg5:f7† Kh6—h7
19. Sf7—g5† Kh7—g8
20. Dd1—b3† Aufgegeben.

4. Caro-Kann

Ein Eröffnungsfehler gibt Gelegenheit zum stürmischen Mattangriff mit Damenopfer.

Spielmann — Walter
Trentschin-Teplitz 1929, Schönheitspreis

1. e2—e4 c7—c6
2. Sb1—c3 d7—d5

3. Sg1—f3 Sg8—f6
4. e4—e5 Sf6—e4
5. Dd1—e2 Se4:c3
6. d2:c3 b7—b6

Mit e6 den Königsläufer zu entwickeln war einfacher.

7. Sf3—d4 c6—c5?

Nun war e6 bereits Zwang. Der Textzug schwächt den Damenflügel und Spielmann nimmt die Gelegenheit sofort wahr.

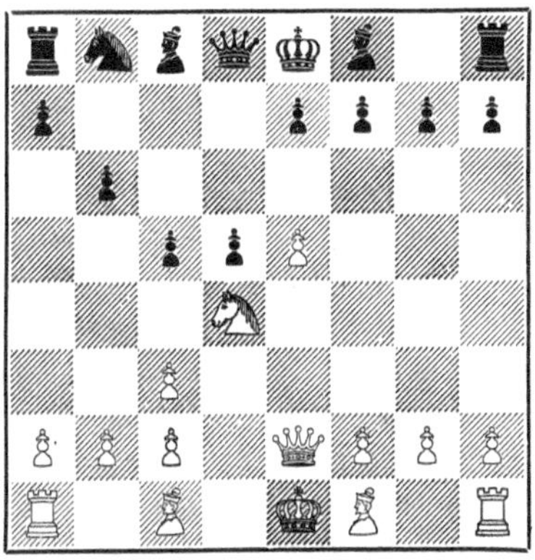

8. e5—e6! f7:e6

Weiß ist es bereits gelungen, die schwarze Stellung von Grund auf zu erschüttern, wie es die folgenden Abspiele beweisen: a) Schlägt Schwarz den weißen Springer, verliert er seinen Turm: cd4: 9. Db5† Ld7, 10. ef7:† Kf7:, 11. Dd5:† nebst Da8:. b) Antwortet er mit La6, so entscheidet 9. ef7:† Kf7:, 10. De6† Ke8, 11. La6: Sa6:, 12. Dc6† Kf7, 13. Se6! Dc8, 14. Sg5† Kg8, 15. Dd5:† e6, 16. Se6: De8, 17. Le3. c) Besser als der Textzug war noch Le6:, denn obzwar Schwarz nach 9. Se6: fe6:, 10. Lf4 traurig dasteht, wird er sich noch mühsam verteidigen können, während jetzt sein Gegner das Spiel in ungebrochenem Siegesschwung weiterführt.

9. De2—h5† Ke8—d7

Nach g6 10. De5 Tg8, 11. Se6: Le6:, 12. De6: hat Schwarz zwei Fortsetzungen zur Verfügung: I. Th8 13. Lb5† Sd7, 14. De5 Tg8, 15. Dd5:!, oder II. Tg7 13. Lb5† Sd7, 14. Lh6 Tf7, 15. Lf8: Tf8: 16. Dd5: Tc8, 17. 0—0, wobei er starken Angriff erdulden muß. Beide Abspiele zeigen, wie schwach der Damenflügel geworden ist.

10. Sd4—f3 Kd7—c7

Auf Sc6 folgt 11. Lb5 Lb7, 12. Se5† Kc7, 13. Lf4 usw.

11. Sf3—e5! Lc8—d7

Im Falle von g6 würde 12. Sg6: De8, 13. De5† erfolgen, während auf andere Züge sich das Spiel den soeben gezeigten Varianten ähnlich gestalten würde.

12. Se5—f7 Dd8—e8
13. Dh5—e5† Kc7—b7
14. Lc1—f4 c5—c4
15. De5—c7† Kb7—a6
16. Sf7—d8!

Die Fortsetzung des Angriffs bringt bedeutend raschere Entscheidung, als das Schlagen des Turmes.

16. ... Sb8—c6

Schwarz kann sich kaum rühren.

17. Dc7—b7† Ka6—b5

Bei Ka5 entstünde das hübsche Matt 18. Sc6:† Lc6:, 19. b4†Ka4, 20. Da6‡.

18. a2—a4† Kb5—c5

Auf Ka5 folgt wieder dieselbe Mattführung.

19. Db7:c6†! Ld7:c6
20. Sd8:e6‡.

Ein lustiges Partiechen.

5. Französische Verteidigung

Genau wie vorher: eine Fehlerserie entfesselt den weißen Angriff, der durch ein wuchtiges Damenopfer gekrönt wird.

Spielmann L'Hermet
Magdeburg 1927, I. Schönheitspreis.

1.	e2—e4	e7—e6
2.	d2—d4	d7—d5
3.	Sb1—d2	d5:e4
4.	Sd2:e4	Sb8—d7
5.	Sg1—f3	Sg8—f6
6.	Se4:f6†	Sd7:f6
7.	Lf1—d3	h7—h6

Eine unnötige Schwächung des Königsflügels. Besser Le7.

8. Dd1—e2 Lf8—d6

Auch hier war Le7 besser.

9. Lc1—d2 0—0?

Drei Fehler nacheinander erträgt die schwarze Stellung nicht. Er sollte die lange Rochade anstreben.

10.	0—0—0	Lc8—d7
11.	Sf3—e5	c7—c5
12.	d4:c5	Ld6:e5

Erst jetzt bemerkt Schwarz, daß nach Lc5: ein mächtiger Angriff, mit 13. g4! beginnend, einsetzen würde.

13.	De2:e5	Ld7—c6
14.	Ld2—f4	Dd8—e7
15.	De5—d4	Tf8—d8
16.	Lf4—d6	

Die Partie ist bereits strategisch entschieden.

16.	...	De7—e8
17.	Th1—g1	b7—b6
18.	Dd4—h4	b6:c5
19.	Ld6—e5!	De8—e7?

Sd7 sollte geschehen. Spielmann inszeniert nun einen rasch entscheidenden eleganten Mattangriff.

20.	g2—g4!	c5—c4
21.	g4—g5!	Sf6—d7

Es gibt keine Verteidigung, z. B. Sh7 22. Lh7:† Kh7:, 23. g6† mit Damengewinn.

22. Dh4:h6!!

Eine grandiose Überraschung!

22.	...	g7:h6
23.	g5:h6†	Kg8—f8
24.	Tg1—g8†!	Aufgegeben,

der h-Bauer erklimmt mit Matt die achte Reihe.

6. Damenbauerspiel

Eine wendige, farbenfrohe Marshall-Partie.

Swiderski Marshall
Ostende 1906, Schönheitspreis.

1.	d2—d4	d7—d5
2.	Sg1—f3	c7—c5
3.	e2—e3	Sb8—c6
4.	Sb1—d2	Sg8—f6
5.	Lf1—e2	Lc8—f5!
6.	d4:c5	

Weiß nimmt das angebotene Bauernopfer an.

6. ... e7—e5!

e6 ist minder gefährlich, der amerikanische Champion wählt aber lieber den scharfen Kampf.

7.	Le2—b5	Dd8—c7
8.	b2—b4	Lf8—e7
9.	Lc1—b2	Sf6—d7
10.	a2—a3	0—0
11.	c2—c4!?	

Es sollte zuerst 0—0 geschehen, denn nun vereitelt es Schwarz.

11. ... Lf5—d3!
12. Dd1—b3

Angezeigt war 12. cd5: Lb5:, 13. dc6: bc6:, 14. Dc2, um nach 15. Sc4 doch zur Rochade zu kommen.

12. ... e5—e4
13. c4:d5 Ld3:b5
14. Sd2:e4!?

Weiß hat für die Figur drei Mittelbauern bekommen, es zieht sich aber um den weißen König ein Gewitter zusammen.

14. ... Sc6—e5
15. Lb2:e5 Sd7:e5
16. d5—d6 Se5—d3†
17. Ke1—d2 Dc7—c6
18. d6:e7

Besser erscheint Sc3; Schwarz bleibt nun in Qualitätsnachteil, sein Angriff nimmt aber an Kraft zu.

18. ... Dc6:e4
19. e7:f8D† Ta8:f8
21. Sf3—d4 Sd3:f2
21. Th1—g1 Tf8—d8
22. Ta1—f1

Es drohte Sg4 nebst Se3: und Td4:†. Auf 22. Dc3 kann f5 folgen. Schwarz ist in Vorteil und hat die Wahl zwischen verschiedenen guten Fortsetzungen.

22. ... Td8:d4†!

Der amerikanische Schachzauberer trifft die eleganteste Entscheidung.

23. e3:d4 De4:d4†
24. Kd2—c1 Dd4—a1†
25. Db3—b1 Da1—c3†
26. Db1—c2 Dc3:a3†
27. Kc1—d2 Da3:b4†
28. Kd2—e3 Sf2—g4†
29. Ke3—f3 Sg4:h2†
Aufgegeben.

7. Damengambit

Schwarz wird am Königsflügel effektvoll überrannt.

Spielmann Grünfeld
Karlsbad 1929, Schönheitspreis.

1. d2—d4 d7—d5
2. c2—c4 e7—e6
3. Sb1—c3 d5:c4

Zu jenen Zeiten noch ein Wagnis, seither wurden aber Verstärkungen gefunden.

4. e2—e4 c7—c5

Das einzig mögliche Gegenspiel.

5. Sg1—f3 c5:d4
6. Sf3:d4 a7—a6
7. Lf1:c4 Lc8—d7
8. 0—0 Sb8—c6
9. Sd4—f3 Dd8—c7
10. Dd1—e2 Lf8—d6
11. Tf1—d1! Sg8—e7

Schwarz ist gezwungen, statt des üblichen Sf6 sich umständlicher zu entwickeln, sonst folgt Td6:! nebst der Gabel e5. Die ungeschützte Rochadestellung gibt später Gelegenheit zum Generalsturm.

12. Lc1—e3 Sc6—e5
13. Sf3:e5 Ld6:e5
14. g2—g3! Le5:c3

Weiß ist Herr auf der d-Linie. Schwarz beeilt sich also, dem Zuge Tac1 zuvorzukommen, denn zwei offene feindliche Turmlinien wären des Guten zuviel.

15. b2:c3 Se7—g6
16. Lc4—b3 0—0
17. Le3—d4 b7—b5

Grünfeld unterschätzt die Gefahr. Lc6 sollte geschehen.

18. De2—e3 Ld7—c6
19. h2—h4! Dc7—b7

h6 bietet hier noch die einzig mögliche Verteidigung, obzwar Weiß das bessere Spiel behält. Es folgt ein unerwartet rasches Finale.

20. h4—h5 Sg6—e7
21. Ld4:g7! Kg8:g7
22. De3—g5† Se7—g6
23. h5—h6†

Diesen Zug scheint Schwarz bei seiner Vorausberechnung übersehen zu haben. Er streckte die Waffen, denn Matt in zwei Zügen ist unabwendbar.

8. Damenbauerspiel

Die Dame frühzeitig ins Spiel zu bringen, um statt Entwicklung nach Bauerngewinn zu trachten, ist immer gewagt. Hierzu eine anschauliche Illustration:

Schlechter Leonhardt
Karlsbad 1911, Schönheitspreis.

1. d2—d4 d7—d5
2. Sg1—f3 c7—c5
3. Lc1—f4 Dd8—b6

Der Damenzug ist eine durchaus ungeeignete Fortsetzung. Besser war Sc6 oder e6 nebst Ld6.

4. d4:c5 Db6:b2

Das war die Absicht des Schwarzen, er bekommt aber eine gründliche Lektion. Dc5: sollte geschehen.

5. Lf4—e5 Db2—b4†
6. Sb1—c3 e7—e6

Spielt Schwarz f6, so folgt 7. Tb1 Dc5:, 8. Tb5 Dc6, 9. Td5: mit starkem Angriff.

7. Ta1—b1 Db4:c5
8. Sc3—b5 Sb8—a6

Die Übel werfen ihren Schatten voraus: Schwarz sucht sich gegen die Drohungen zu verteidigen.

9. e2—e3 f7—f6

Nach Sf6 10. Le2 kann Schwarz seine Entwicklung mit Le7 nicht ruhig fortsetzen, denn 11. Ld4 Dc6, 12. Se5 gewinnt die Dame!

10. Le5—d4 Dc5—e7
11. Sb5:a7 Sa6—c5
12. Sa7:c8 Ta8:c8
13. Lf1—b5† Ke8—f7

Sd7 ist auch nicht besser, Schwarz erhält eine gedrückte Stellung.

14. 0—0 De7—c7
15. c2—c4! d5:c4
16. Lb5:c4 Sg8—e7
17. Sf3—e5†! f6:e5

Ke8 wird mit 18. Lb5† beantwortet, während nach 17. . . . Kg8, 18. Sd3 mit Katastrophe auf e6 droht.

18. Dd1—f3† Kf7—g6

Sowohl nach Kg8, als auch nach Ke8 folgt 19. Lc5:, während Sf5 sich wegen 19. Df5:† natürlich verbietet.

19. Ld4:c5 Dc7:c5
20. Lc4:e6 h7—h5

Eine bessere Verteidigung gewährte h6, aber die Partie geht auch dann verloren: 21. Df7† Kh7, 22. Tb7:! Tg8!, 23. Te7: Le7:, 24. Lf5† Kh8, 25. Dg6!, oder noch einfacher 21. Lc8: Sc8:, 22. De4† nebst 23. f4 mit andauerndem Angriff.

21. Le6—f7†! Aufgegeben, denn Matt ist unabwendbar.

9. Skandinavische Partie

Eine flotte Partie, mit nettem, obzwar etwas durchsichtigem Damenopfer.

Dr. Perlis Mieses
Ostende 1907, Schönheitspreis.

1. e2—e4 d7—d5

Eine Lieblingswaffe Mieses', die er von Turnier zu Turnier mit neuen Varianten ausgeschmückt hat.

2. e4:d5 Dd8:d5
3. Sb1—c3 Dd5—a5
4. d2—d4 Sg8—f6
5. Lf1—d3 Sb8—c6

Dieser Zug ist nur dann erlaubt, wenn Lb5 nicht zu befürchten ist. Nun würde Weiß damit ein Tempo verschenkt haben.

6. Lc1—d2 e7—e5!

Schwarz geht nicht auf den Leim: nach Sd4: 7. Sb5 Db6, 8. Le3! c5, 9. Sd4: cd4:, 10. Ld4: hätte Weiß gutes Spiel.

7. Sc3—b5 Da5—b6
8. Dd1—e2

Nachhaltiger als 8. de5: Sg4!, 9. De2 Lc5, 10. Sh3 a6 usw.

8. ... a7—a6
9. Sb5—c3

Nach de5: Sg4, 10. Sc3 Sd4 stünde Schwarz besser.

9. ... Lc8—g4!
10. f2—f3 Sc6:d4
11. De2:e5† Lg4—e6
12. Sg1—e2 Sd4:e2
13. De5:e2 0—0—0
14. 0—0—0 Lf8—d6

Die schwarze Stellung ist vorzuziehen.

15. Ld3—c4

In Betracht kam Le3.

15. ... Th8—e8
16. Lc4:e6† Te8:e6
17. De2—c4 Db6—f2!
18. Dc4—f1 Df2—c5
19. g2—g3

Weiß plant Dg2 nebst The1, doch war Kb1 besser.

19. ... Ld6—e5
20. Df1—g2 Te6—b6!
21. Ld2—e1

Das Haus brennt schon! Sa4 ist wegen Lb2:†! 22. Sb2: Da3 usw. nicht möglich.

21. ... Dc5—e3†
22. Le1—d2

Darauf folgt eine überraschende Antwort, aber auch andere Züge führen in den Abgrund, z. B. 22. Kb1 Tb2:†!, und dasselbe folgt auf 22. Td2, denn Tb2:! 23. Sd1 wird mit Ta2:! erledigt, während auf 23. Kb2: Dc3:† zum Matt führt.

22. ... Le5:c3!
23. Ld2:e3

Oder bc3: Dc5! nebst Matt.

23. ... Lc3:b2†
24. Kc1—b1 Lb2—d4†
25. Kb1—c1 Ld4:e3†
26. Td1—d2 Le3:d2†
27. Dg2:d2

Weiß sieht sich gezwungen, die Dame zurückzugeben, denn Kd1 führt zu dreizügigem Matt durch Lf4† 28. Ke2 Td2†, 29. Kf1 Tb1, jetzt ist aber die Partie reif zum Aufgeben.

27.	Tb6—b1†
28. Kc1:b1	Td8:d2
Aufgegeben.	

10. Russische Partie

Wieder echt Marshall! Der Gegner stolpert und es setzt ein flotter, eleganter Angriff ein.

Yates — Marshall

Marienbad 1925, I. Schönheitspreis.

1. e2—e4	e7—e5
2. Sg1—f3	Sg8—f6

Dieser sofortige Gegenangriff war eine Lieblingsfortsetzung des amerikanischen Vorkämpfers.

3. Sb1—c3

Yates ist also nicht gewillt, die üblichen Fortsetzungen mit Se5: anzubahnen.

3. ...	Lf8—b4
4. Lf1—c4	d7—d6
5. d2—d3	Lc8—e6
6. Lc4—b3	

Weiß darf nicht tauschen, denn die offene f-Linie und das sich verstärkende schwarze Zentrum würden Vorteil für den Gegner bedeuten.

6. ...	Sb8—c6
7. 0—0	h7—h6
8. Sc3—e2	

De2 war der gegebene Zug. Schwarz ergreift nun die Gelegenheit und öffnet die Mitte.

8. ...	Le6:b3
9. a2:b3	d6—d5!
10. Se2—g3	

Nachträglich kann man feststellen, daß der Bauerntausch besser war, um die d-Linie geschlossen zu halten.

10. ...	d5:e4
11. d3:e4	Dd8:d1
12. Tf1:d1	Lb4—c5
13. c2—c3	

Der Punkt d4 ist zwar schwach, doch war h3 dringender und wichtiger, um den schwarzen Springer von g4 fernzuhalten.

13. ...	Sf6—g4
14. Td1—f1 ?	

Die einzige Möglichkeit, eine Verteidigung zu organisieren, bestand in dem unnatürlichen Zuge 14. Sh1.

14. ...	0—0—0

Es ist nun nur noch die Frage, wie lange Weiß diesen Druck aushalten kann.

15. b3—b4	Lc5—b6
16. h2—h3	Sg4:f2
17. Tf1:f2	Td8—d1†
18. Sg3—f1	Th8—d8
19. b4—b5	

Auch Yates war ein Angriffsspieler, dem die Verteidigung nicht besonders zusagte. Es gibt keine Rettung, doch bedeutete g3 nebst Kg2 zäheren Widerstand.

19. ...	Sc6—a5
20. Ta1:a5	Td1:c1!

Bedeutend stärker als La5:, worauf Weiß nach 21. Le3 noch Luft schöpfen kann. Es folgt ein nettes Feuerwerk.

21. Ta5—a4	Td8—d1
22. Sf3—d4	

Oder S3h2 Tc2 usw.

22. ...	e5:d4
23. c3:d4	Td1:d4!

Aufgegeben. Das Zusammenspiel der schwarzen Figuren ruft einen nachhaltigen Eindruck hervor.

11. Damengambit

Der Amerikaner wartet in seinem bekannten draufgängerischen Stil mit einem flotten, gefälligen Angriff auf.

Thomas — Marshall

Karlsbad 1929, Schönheitspreis.

1. d2—d4 e7—e6
2. Sg1—f3 c7—c5
3. c2—c4 c5:d4
4. Sf3:d4 Sg8—f6
5. Sb1—c3 Lf8—b4
6. Sd4—b5 0—0
7. Lc1—f4

Allzu ehrgeizig! Die Vorbereitung der Rochade war angezeigt.

7. ... d7—d5!

Schwarz läßt sich nicht einschüchtern.

8. e2—e3

Weiß ist bereits in Nöten, denn nach 8. Sc7 Sh5, 9. Le5 f6 kostet der Turm a8 zwei Leichtfiguren.

8. ... Sb8—c6
9. a2—a3

Sc7 ist wegen der Antwort e5 auch jetzt nicht angängig.

9. ... Lb4—a5
10. b2—b4 a7—a6!
11. Sb5—d4

Verhältnismäßig am besten, denn nach 11. ba5: ab5:, 12. cb5: Da5:, 13. Dd2 e5! stünde Schwarz in allen Abspielen besser, während 11. Sd6? Sb4:!, 12. Sc8: Sc6 bei minderwertiger Stellung Bauernnachteil ergäbe.

11. ... La5—c7
12. Sd4:c6 b7:c6
13. Lf4:c7 Dd8:c7
14. c4:d5

Weiß experimentiert so lange, bis es zur Sicherung des Königs zu spät wird. Viel besser war Ld3 und 0—0.

14. ... c6:d5
15. Ta1—c1 Dc7—e7
16. Dd1—b3 Lc8—b7

Schon ist Gefahr im Anzuge.

17. f2—f3

Auf Läuferzüge würde d4 folgen.

17. ... e6—e5!
18. Lf1—e2 d5—d4!
19. Sc3—a4 Sf6—d5!
20. e3:d4

Auf 20. e4 folgt Se3 und der Springer ist nicht zu vertreiben.

20. ... e5:d4
21. Ke1—f2 Sd5—f4

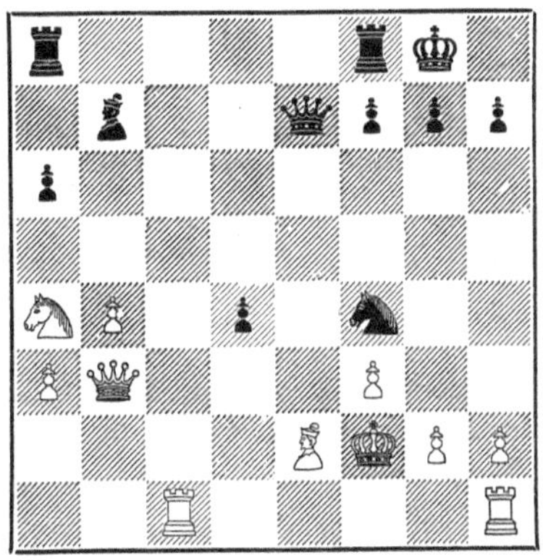

22. Le2—c4

Das Turnierbuch beweist durch zwei Varianten die Hoffnungslosigkeit der weißen Stellung: 22. The1 Dg5!, 23. g3 Se2:!, 24. Ke2: d3†!, 25. Dd3: Tad8 nebst Td2† usw., oder 22. Tce1 Tae8, 23. Ld1 Dg5, 24. g3 Sh3†, 25. Kf1 Te1:†, 26. Ke1: Te8†, 27. Kf1 Dd2 usw.

22. ... d4—d3!

Ein elegantes Finale!

23. Lc4:d3

Nach Tce1 führt Dh4†, nach The1 dagegen d2! zum Sieg.

23. ... Ta8—d8
24. Ld3:h7†

Auf andere Läuferzüge wäre Td2† und auf 24. Td1 oder Sc5 Td3:! nebst De2†, auf 24. Te1 endlich Dg5 25. Lf1 Td2† die entscheidende Antwort.

24. ... Kg8:h7
25. Tc1—e1 De7—g5
Aufgegeben.

12. Slawische Verteidigung

Eine typische Capablanca-Partie. Nichts von Künstelei oder Anstrengung, eine gefällige Folge von selbstverständlichen, guten Zügen.

Capablanca Brinckmann
Budapest 1929, Schönheitspreis.

1. d2—d4 d7—d5
2. c2—c4 c7—c6
3. Sg1—f3 Sg8—f6
4. Sb1—c3 d5:c4
5. a2—a4 Lc8—f5
6. Sf3—e5 Sb8—d7
7. Se5:c4

Die zweite Möglichkeit bestand in 7. Sd7:, 8. f3 und 9. e4, mit rascherBesitznahme des Zentrums; Capablanca meidet aber nur ungern die ausgetretenen Pfade.

7. ... Dd8—c7
8. g2—g3!

Nachhaltiger als 8. f3 e5!, 9. e4 ed4:!, 10. Dd4: Le6 mit ausreichendem Spiel für Schwarz.

8. ... e7—e5

Eine sehr scharfe Wendung, in welche hauptsächlich der Revanchewettkampf Aljechin—Euwe Licht brachte.

9. d4:e5 Sd7:e5
10. Lc1—f4 Sf6—d7
11. Lf1—g2 f7—f6

Eine andere Möglichkeit wäre hier sofort Le6 12. Se5: Se5:, 13. 0—0 Le7, 14. a5 0—0, 15. a6 f6 mit gleichen Aussichten — laut Aljechin, Weiß hat aber in 14. Dc2! eine weit bessere Fortsetzung zur Verfügung. Euwe hingegen kam gerade gegen Aljechin nicht nur einmal mit 11. ... Td8, 12. Dc1 f6, 13. 0—0 Le6, 14. Se5: Se5:, 15. a5 a6, 16. Se4 Lb4, 17. Sc5 Lc8! in Vorteil, bis er auf 14. Se4! stieß, das wiederum für Weiß günstig ist.

12. 0—0 Lf5—e6
13. Sc4:e5 f6:e5
Gebräuchlicher und besser ist Se5:.
14. Lf4—e3 Lf8—e7
15. a4—a5 a7—a6

Schwächt den Damenflügel, die schwarze Stellung war aber bereits sehr unbehaglich.

16. Dd1—c2 0—0
17. Tf1—d1 Ta8—e8

Etwas besser war Tac8. Der Textzug ist einer jener harmlosen Fehlzüge, die Capablanca unübertrefflich auszunutzen verstand.

18. Sc3—d5! Le6:d5
19. Lg2:d5† Kg8—h8
20. Ld5—e6 Sd7—f6
21. Le3—b6 Dc7—b8
22. Le6—d7! Sf6:d7
23. Td1:d7

Der Anfang vom Ende: die weißen Figuren dringen ein.

23. ... Tf8—f6
24. Ta1—d1 Tf6—e6

Traurig, aber es drohte Te7: nebst Td8†.

25. Dc2—b3 Le7—f6
26. e2—e4!

Vollständige Lahmlegung!

26. ... h7—h6
27. Lb6—c5 Kh8—h7
28. Td7:b7 Db8—c8
29. Td1—d7

Es droht 30. Lf8!, Schwarz streckte die Waffen.

13. Königsindischer Angriff

Weiß wendet sein eigenes, sinnreiches Stratagem an, das heute bereits Allgemeingut ist: die Zurückhaltung der Zentrumsbauern, die nur dann vorrücken, wenn die Öffnung der Stellung mit Angriffschancen verbunden erscheint. Der Angriff klingt mit einer schönen Gewinnkombination aus.

Réti Bogoljubow
New York 1924, I. Schönheitspreis.

1. Sg1—f3 Sg8—f6
2. c2—c4 e7—e6
3. g2—g3 d7—d5
4. Lf1—g2 Lf8—d6

Er beabsichtigt das spätere e5.

5. 0—0

Sofortiges 5. b3 und 6. Lb2 hätte die Aufstellung c6 und e5 vereitelt, Bogoljubow nimmt aber die sich nun bietende Möglichkeit nicht wahr und kommt im weiteren Verlauf nicht mehr zu e5.

5. ... 0—0
6. b2—b3 Tf8—e8
7. Lc1—b2 Sb8—d7
8. d2—d4.

Besser als der Einschritt des Bauern, denn e5 wird verhindert.

8. ... c7—c6

In Betracht kam dc4: 9. bc4: c5, um mehr Bewegungsfreiheit zu schaffen.

9. Sb1—d2 Sf6—e4

e5 ist undurchführbar, denn nach 10. cd5: cd5: (ed4: 11. Sc4!), 11. de5: Se5:, 12. Se5: Le5:, 13. Le5: Te5:, 14. Sf3 ist der d-Bauer ein Sorgenkind. Der Textzug ist kaum gut, er führt zur Lockerung der schwarzen Bauernstellung, aber ein besserer scheint nicht vorhanden zu sein. Die schwarze Stellung ist unbehaglich.

10. Sd2:e4 d5:e4
11. Sf3—e5 f7—f5

Der Bauer e4 ist nur auf diese Weise zu halten.

12. f2—f3!

Weiß nimmt die Möglichkeit wahr, von den Zentrallinien profitieren zu können.

12. ... e4:f3
13. Lg2:f3! Dd8—c7

Nach Se5: 14. de5: findet der schwarze Damenläufer keine Betätigungsmöglichkeit.

14. Se5:d7 Lc8:d7
15. e2—e4! e6—e5

e5 darf nicht zugelassen werden, auf fe4: dagegen würde 16. Le4: g6 (sonst Dh5), 17. Dd3! (Droht Lg6:) Kg7, 18. c5! Lf8, 19. d5† e5, 20. d6 Dd8, 21. Dc4 folgen.

16. c4—c5 Ld6—f8
17. Dd1—c2

Mit der Doppeldrohung ef5: und de5:.

17. ... e5:d4
18. e4:f5 Ta8—d8

Deckt den Bd4 indirekt, denn auf 19. Ld4: würde Lf5: folgen. 18. ... Te5 war wegen der Riposte 19. Dc4† Kh8 20. f6! nicht angängig.

19. Lf3—h5 Te8—e5

Nun wäre auf Te7 bereits 20. Ld4: möglich, denn Lf5: geht dann wegen 21. Df5: nicht mehr.

20. Lb2:d4 Te5:f5

Führt zu raschem Verlust, denn auf der offenen f-Linie naht das Verderben. Nach 20. ... Td5, 21. Dc4 Kh8, 22. Lg4 wäre der Gewinn für Weiß trotz Bauernvorteils nicht einfach.

21. Tf1:f5 Ld7:f5
22. Dc2:f5 Td8:d4
23. Ta1—f1 Td4—d8

Nach De7 entscheidet der schöne Gewinnzug 24. Lf7† Kh8, 25. Ld5! Der nun folgende Problemzug ist ebenfalls ein würdiger Abschluß.

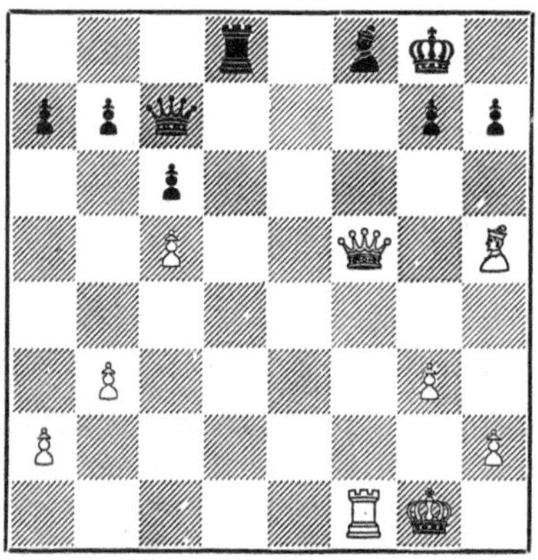

24. Lh5—f7† Kg8—h8
25. Lf7—e8!! Aufgegeben.

Sofortiges Matt ist nur durch h5 zu decken (h6 26. Df8:† Kh7, 27. Lg6†! usw.), worauf aber 26. Dh5:† Kg8, 27. Lf7† die Antwort wäre.

14. Vierspringerspiel

Eine Mattkombination jagt die andere!

Zinkl Metger
Berlin 1897, Schönheitspreis.

1. e2—e4 e7—e5
2. Sg1—f3 Sb8—c6
3. Lf1—b5 Sg8—f6
4. Sb1—c3 Lf8—b4
5. 0—0 0—0
6. d2—d3 Lb4:c3
7. b2:c3 d7—d6
8. Lb5:c6

Der österreichische Meister als Vorläufer des Kubaners Capablanca!

8. ... b7:c6
9. Ta1—b1

Bisher verlief alles im Zeichen der Symmetrie, den letzten Zug kann Schwarz nicht mehr nachahmen.

9. ... Lc8—g4
10. h2—h3 Lg4—e6

In Betracht kam Lf3:, denn der schwarze Läufer ist weniger wertvoll als der nunmehr sehr lästige weiße Springer.

11. c3—c4 Dd8—c8

Dient einem doppelten Zwecke: den Läufer unter Umständen auf h3 zu opfern, was Weiß sofort verhindert, oder am Damenflügel ein Gegenspiel einzuleiten, das sich aber als unzulänglich erweist und zum Verlust der Partie führt.

12. Sf3—g5! Dc8—a6
13. f2—f4 Ta8—b8

Auf Da2: folgt dieselbe Wendung wie in der Partie, und sogar die ruhige Fortsetzung 14. f5 ergäbe für Weiß ein vortreffliches Spiel.

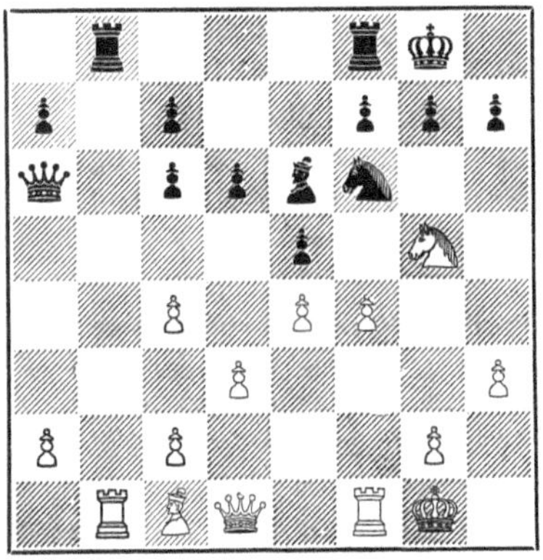

14. f4:e5!! Tb8:b1

Gegen die mit prächtigem Schachgefühl durchgeführte Kombination des Weißen gibt es keine Rettung, denn nach 14. ... de5: gewinnt 15. Tf6:!, z. B. I. gf6: 16. Dh5! fg5: (auf h6 entscheidet 17. Se6:), 17. Dg5:† Kh8, 18. Df6† Kg8, 19. Lh6 mit undeckbarem Matt. II. gf6: 16. Dh5 Tfc8, 17. Dh7:† Kf8, 18. Se6:† fe6: (Nimmt Schwarz den Springer nicht, so gewinnt Weiß durch La3† oder Sc7:†), 19. Lh6† Ke8, 20. Dg8† Kd7, 21. Df7† Kd6, 22. c5†! Kc5:, 23. De7† Kd4, 24. Tb4†! nebst Matt. III. Tb1: 16. Dh5! Tc1:†, 17. Kh2 Td8, 18. Dh7:† Kf8, 19. Te6:! fe6:, 20. Dg6 Kg8 (Auf. Ke7 oder Td7 ist De6: entscheidend.) 21. Df7† Kh8, 22. Se6: Tg8, 23. Dh5‡. IV. Tb1: 16. Dh5! h6, 17. Th6:! gh6:, 18. Dh6: Te8, 19. Sh7! f6, 20. Dg6† Kh8, 21. Sf6! nebst Matt.

15. e5:f6 g7—g6

Es gibt nichts anderes. Auf gf6: entscheidet 16. Dh5! fg5:, 17. Dg5:† sofort.

16. Dd1—d2 Da6—b6†
17. Kg1—h2 Db6—d4

Schwarz ist zur andauernden Defensive gezwungen, es drohte nämlich 18. Sh7: nebst Dh6. Dagegen plant Schwarz 18. ... De5† und Dh5 usw.

18. g2—g3! Tb1:c1

Gegen das drohende 19. Sh7: gibt es keine andere Verteidigung.

19. Dd2:c1 Dd4—e5
20. Dc1—e3 c6—c5
21. h3—h4!

Neue Reserven rücken heran und nach entsprechender Umgruppierung setzt der entscheidende Angriff ein.

21. ... Le6—d7
22. Sg5—h3! De5—e6?

Übersieht die schlagende Antwort. Besser war Dh5, es hätte aber nur für kurze Zeit geholfen.

23. Tf1—f5! Kg8—h8
24. De3—h6 Tf8—g8
25. Sh3—g5 Aufgegeben,

das Matt ist undeckbar.

15. Spanische Partie

Blackburne haben seine Zeitgenossen den Ehrentitel „der schwarze Tod“ verliehen. In der folgenden Partie fegt sein ungestümer Angriff die Stellung des damaligen Weltmeisters hinweg.

Lasker Blackburne
London 1899, II. Schönheitspreis.

1. e2—e4 e7—e5
2. Sg1—f3 Sb8—c6
3. Lf1—b5 d7—d6
4. d2—d4 Lc8—d7
5. d4—d5

Eine Fortsetzung von persönlicher Note.

5. ... Sc6—b8
6. Lb5—d3 Lf8—e7
7. Sb1—c3 Sg8—f6
8. Sc3—e2 c7—c6

9. c2—c4 Sb8—a6
10. Se2—g3 Sa6—c5
11. Ld3—c2 b7—b5

Beide Teile betreiben eine abwartende Politik, bis der Gegner rochiert hat, inzwischen wickelt Schwarz am Damenflügel vereinfachend ab.

12. b2—b4 Sc5—b7
13. d5:c6 Ld7:c6
14. c4:b5 Lc6:b5
15. a2—a4 Lb5—d7
16. 0—0

Lasker ist der Meinung, daß er seine Damenflügelbauern ruhig verwerten kann und rochiert unbekümmert.

16. ... g7—g6
17. h2—h3 h7—h5!

Der Königsangriff setzt ein.

18. Lc1—e3 a7—a5
19. b4—b5 Ta8—c8
20. Ta1—c1 Sb7—c5

Diese Sicherungszüge waren nötig.

21. Sf3—d2 h5—h4
22. Sg3—e2 g6—g5!
23. Le3:g5

Weiß hatte gegen das drohende g5—g4 keine Wahl, jetzt greift aber auf der g-Linie die schwere Streitmacht des Gegners ein.

23. ... Th8—g8
24. Lg5:h4

Weiß befindet sich in mißlicher Lage. Lf6: nebst Kh1 und zähe Verteidigung war angezeigt.

24. ... Ld7:h3
25. Lh4—g3 Lh3—e6
26. Tf1—e1 Sf6—g4!
27. Sd2—f1 Le7—g5
28. Tc1—b1

Besser Ta1, um den Turm unter Umständen über a3 ins Gefecht werfen zu können.

28. ... Tg8—h8
29. Se2—c3 Lg5—f4!
30. Sc3—d5 Dd8—g5

Das Anhäufen der schwarzen Figuren nimmt bedrohliche Formen an.

31. f2—f3?

Vorher sollte Lf4: geschehen. Der englische Vorkämpfer antwortet nun mit einer Gewinnkombination.

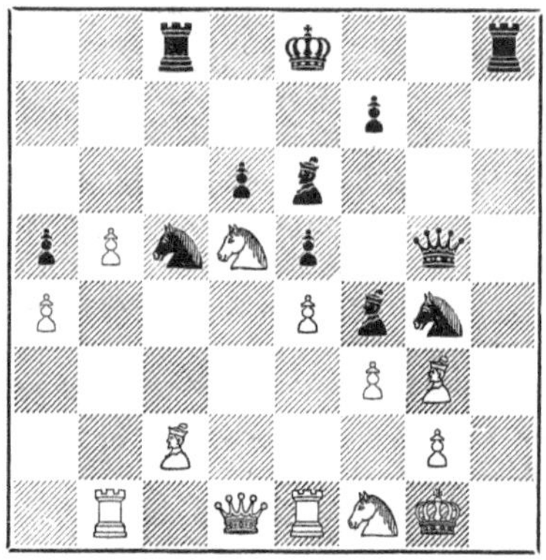

31. ... Th8—h1†!
32. Kg1:h1 Lf4:g3
33. Sf1:g3

Weiß ist gezwungen, seine Dame herzugeben, denn nach fg4: gewinnt Dh4† sofort.

33. ... Sg4—f2†
34. Kh1—g1 Sf2:d1
35. Sg3—f5 Le6:f5
36. e4:f5 Dg5—d2
37. Te1:d1

Weiß unternimmt noch einige Versuche.

37. ... Dd2:c2
38. Tb1—c1 Dc2:f5
39. Sd5—b6 Tc8—d8

40. Sb6—c4	Sc5—b7
41. Sc4—e3	Df5—f4
42. Kg1—f2	Df4:a4
43. Tc1—c7	Sb7—c5
44. Td1—h1	Td8—d7
45. Tc7—c8†	Ke8—e7
46. Th1—h8	Da4—d4

Aufgegeben.

16. Damengambit

Schwarz zeigt keinen Respekt vor dem großen Gegner; er spielt mutig und unbefangen, und es gelingt ihm, seiner Sammlung einen wertvollen Skalp hinzuzufügen.

Bogoljubow Ahues
San Remo 1930, I. Schönheitspreis.

1. Sg1—f3	Sg8—f6
2. c2—c4	e7—e6
3. Sb1—c3	d7—d5
4. d2—d4	Sb8—d7
5. Lc1—g5	c7—c6
6. c4:d5	

Weiß beugt der Schwarz bequemes Spiel gewährenden Cambridge-Springs-Verteidigung vor.

6. ...	e6:d5
7. e2—e3	Lf8—e7
8. Lf1—d3	Sf6—e4!

Der deutsche Meister benützt die Gelegenheit zu einen entlastenden Tausch.

9. Lg5:e7	Dd8:e7
10. Dd1—c2	f7—f5!

Schwarz hat seine Aufgabe gelöst, seine Stellung kann als gesichert angesehen werden, dabei hat er am Königsflügel sogar Angriffsaussichten.

11. 0—0	0—0
12. Ta1—e1	Tf8—f6!
13. g2—g3	

Als Konsequenz des vorigen Zuges kam weiterer Angriff gegen Se4 in Betracht durch 13. Sd2 Th6, 14. f3 Dh4!, 15. h3 (Bei fe4: Dh2:†, 16. Kf2 fe4: wäre Weiß gezwungen die Figur zurückzugeben.) Sg3 16. Tf2 und die weiße Stellung ist zwar nicht als behaglich anzusprechen, doch hatte Weiß kaum eine andere Wahl.

13. ...	g7—g5!

Von diesem Zuge an hat Schwarz das Heft in seiner Hand.

14. Kg1—g2

14. Le4: fe4:, 15. Sg5: wäre nach Sf8 16. Kg2. (Es drohte h6.) Dd7! ein kostspieliges Vergnügen. Der weiße Springer ist in Nöten.

14. ...	Tf6—h6
15. Sf3—g1	De7—f7
16. f2—f3	Df7—h5
17. h2—h3	Sd7—f6!

Ahues nimmt die Gelegenheit wahr, die Schwäche der weißen Bauernreihe auszunützen.

18. Sc3—e2

Nach 18. fe4: fe4: droht Lh3:†, und dagegen hilft 19. g4 nichts wegen Lg4:; auf den die Figur rettenden Zug 19. Le2 aber bricht die Verteidigung nach Lh3:† 20. Kf2 Sg4†, 21. Lg4: Dg4:, 22. Sh3: Th3: zusammen.

18.	...	f5—f4!

Ein Kraftzug folgt dem anderen.

19. g3—g4

Es drohte Lh3:† usw.

19.	...	Sf6:g4:!
20.	f3:g4	Lc8:g4!
21.	Se2:f4	

Das Rückopfer der Figur ist verhältnismäßig die beste Abwehr, denn nach 21. Le4: Lh3:†, 22. Sh3: Dh3:†, 23. Kf2 entscheidet de4:, der weiße König befindet sich in einem Mattnetz. Der Läufer ist wegen Matts durch Dh1 unverletzlich.

21.	...	g5:f4
22.	Ld3:e4	Lg4:h3†
23.	Sg1:h3	Dh5:h3†
24.	Kg2—f2	Dh3—g3†
25.	Kf2—e2	Th6—h2†
26.	Ke2—d1	Th2:c2
27.	Le4:c2	Kg8—h8

Schwarz hat nun eine sicher gewonnene Partie, er muß sich nur vor Übereilungen hüten.

28.	Tf1—h1	Ta8—e8
29.	Lc2:h7	Kh8—g7
30.	Lh7—c2	

Nach 30. Tg1 Dg1:, 31. Tg1:† Kh7:, 32. ef4: Te4 bringen die besseren schwarzen Bauern die Entscheidung.

30.	...	Kg7—f6
31.	Th1—h6†	Kf6—e7
32.	e3:f4†	Ke7—d8
33.	Th6—d6†	Kd8—c7
34.	Td6:c6†	b7:c6
35.	Te1:e8	Dg3:f4
36.	Te8—e1	Df4:d4†
37.	Kd1—c1	c6—c5
38.	Te1—d1	Dd4—e5
39.	Kc1—b1	Kc7—c6
40.	Lc2—b3	c5—c4
41.	Td1—c1	Kc6—b5
42.	Lb3:c4†	

Bogoljubow hofft noch seinen Gegner irgendwo überlisten zu können, es kommt aber nicht dazu. Auf einen Läuferzug würde d5—d4 folgen.

42.	...	d5:c4
43.	a2—a3	De5—e4†
44.	Kb1—a2	a7—a5
45.	Tc1—c3	a5—a4
46.	Tc3—h3	Kb5—c5
47.	Th3—h5†	Kc5—d4
48.	Th5—h3	De4—d3!
49.	Th3—h4†	Kd4—e3
50.	Th4—h2	Ke3—f4
51.	Th2—f2†	Kf4—g3
52.	Tf2—f8	Dd3—b3†

Aufgegeben.

17. Französische Verteidigung

Weiß zertrümmert mit prächtig geführtem Angriff die Bastionen des gegnerischen Königs.

A. Steiner — Tartakower
Budapest 1929, Schönheitspreis.

1.	e2—e4	e7—e6
2.	c2—c4	

Führt das Spiel in ziemlich unerforschte Gewässer.

2.	...	d7—d5
3.	c4:d5	e6:d5
4.	Dd1—a4†	Lc8—d7

Erst später stellt es sich heraus, daß damit die Schwierigkeiten des Schwarzen beginnen. Besser war Dd7.

5. Da4—b3! Ld7—c6

Das Nehmen des e-Bauern wäre wegen 6. Lc4 nicht ratsam.

6. d2—d4 Sg8—f6

Jetzt würde auf de4: gleichfalls 7. Lc4 Df6, 8. d5! und 9. Db7: folgen.

7. e4—e5

Das weiße Spiel verdient bereits den Vorzug.

7.	...	Sf6—d7
8.	Db3—g3	f7—f6
9.	Lf1—d3	Lf8—b4†
10.	Sb1—c3	0—0
11.	Dg3—h3	g7—g6

Schwarz ist zu dieser Schwächung gezwungen, denn h6 scheint noch unerfreulicher zu sein.

12.	Lc1—h6	Tf8—e8
13.	f2—f4	Sd7—f8
14.	Sg1—f3	Dd8—d7
15.	Dh3—h4	

Die weiße Dame nimmt regen Anteil an dem Kampfgeschehen.

15.	...	f6:e5
16.	f4:e5	Lc6—b5
17.	Ld3:b5	Dd7:b5
18.	Dh4—f6	Sf8—e6
19.	Sf3—g5	Db5—d7
20.	0—0	Se6:g5
21.	Df6:g5!	

Nun haben die weißen Türme auf der f-Linie freie Bahn und Schwarz kann seine eigenen nicht gegenüberstellen.

21.	...	Sb8—c6
22.	Tf1—f6!	Sc6:d4

Auf Le7 wäre natürlich 23. Tg6:†! die Folge.

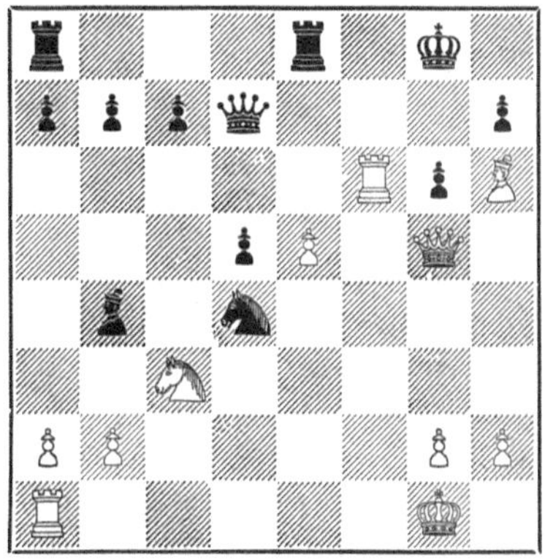

23.	Sc3:d5!	Sd4—e6
24.	Tf6:g6†!	

Das wäre auch bei 23. . . ., Dd5: gefolgt.

24.	...	h7:g6
25.	Dg5:g6†	Kg8—h8
26.	Sd5—f6	Te8—g8

Die einzige Verteidigung gegen das drohende 27. Lg7† Dg7:, 28. Dh5†, jetzt naht aber die Entscheidung von anderer Seite.

27. Dg6—h5! Tg8:g2†

Das Lied ist aus, denn es drohte 28. Lf8† mit tödlicher Wirkung. Das Turmopfer rettet die Dame, aber nicht das Spiel.

28.	Kg1:g2	Dd7—c6†
29.	Kg2—h3	Sf6—g7
30.	Lh6:g7††	Kh8:g7
31.	Ta1—g1†	Kg7—f8
32.	Tg1—g8†	Kf8—e7
33.	Tg8:a8	Dc6—e6†
34.	Dh5—g4	Aufgegeben.

18. Spanische Partie

Schwarz hat sich einige Fehler erlaubt, das genügte, um in einem vom Gegner brillant geführten Angriff unterzugehen.

Lipke Janowski
Wien 1898, II. Schönheitspreis.

1.	e2—e4	e7—e5
2.	Sg1—f3	Sb8—c6
3.	Lf1—b5	Sg8—f6
4.	0—0	Sf6:e4
5.	Tf1—e1	Se4—d6
6.	Sf3:e5	Lf8—e7
7.	Lb5—d3	

Dieser Zug, Einleitung des Angriffs gegen den schwach geschützten schwarzen Königsflügel, ist gerade eine Erfindung Janowskis, der somit mit eigenen Waffen angegriffen, sich wohl unbehaglich fühlte.

7.	...	0—0
8.	Sb1—c3	Sc6:e5
9.	Te1:e5	

Weiß hat Entwicklungsvorsprung und vorzügliche Angriffschancen.

9. ... f7—f5

Schwarz trachtet die weiße Läuferlinie zu unterbrechen, der Zug ist aber sehr gewagt und mit Rücksicht auf den Entwicklungsnachteil nicht anzuraten. In Betracht kam sofortiges Lf6.

10.	Sc3—d5	Le7—f6
11.	Te5—e1	b7—b6
12.	Ld3—e2!	

Macht dem Damenbauern die Bahn frei und beabsichtigt, auf gelegentliches Lb7 Lf3 folgen zu lassen.

12. ... c7—c6

Ein überflüssiger Zug, sofort Lb7 war zweckmäßiger.

13.	Sd5:f6†	Dd8:f6
14.	d2—d4	f5—f4!?

Verhindert zwar Lf4, beschwört aber größere Übel herauf. Besser war es, Sf7 zu ziehen, dann nach 15. Lf4 die Mitte mit d5 zu befestigen und die Entwicklung schleunigst nachzuholen.

15. Le2—d3!

Die Bahn nach dem Königsflügel ist wieder frei.

15. ... Sd6—f7

Schwarz spielt inkonsequent, die logische Folge des vorigen Zuges bestand in f3 16. Df3: Df3:, 17. gf3: Tf3:, 18. Kg2 Tf7, worauf Weiß nur minimalen Vorteil besitzen würde.

16. Te1—e4!

Nützt die gebotene Gelegenheit sofort aus. Der Bauer ist nur durch g5 zu verteidigen, darauf setzt aber ein mächtiger Angriff gegen den schwarzen König ein.

16.	...	g7—g5
17.	h2—h4!	h7—h6
18.	h4:g5	h6:g5
19.	Dd1—h5	Tf8—d8

Luft dem bedrängten König!

20. Lc1:f4!

Der Eisenacher Meister führt den Angriff mit prächtigem Elan.

20.	...	g5:f4
21.	Ta1—e1	Df6—h6

Nach 21. ... Lb7 entscheidet 22. Te7 Kf8, 23. Lg6, während nach 21. ... Kf8, 24. g3 sich eine Linie für die Türme öffnen würde.

22. Dh5—g4† Dh6—g5

Auch Kf8 23. Tf4: war nicht besser.

23. Dg4—f3 d7—d5
24. Te4:f4 Sf7—h6

Tf8 hätte 25. Te5! Dg7, 26. Te7 nebst Tf4—f6—g6 zur Folge.

25. Te1—e5 Dg5—g7
26. Df3—h5!

Gegen das auffahrende dreifache schwere Geschütz ist Schwarz ohne Hilfe.

26. . . . Lc8—f5
27. Ld3:f5 Td8—f8
28. Tf4—g4! Sh6:g4
29. Lf5—e6† Tf8—f7
30. Te5—g5 Kg8—f8
31. Tg5:g7 Tf7:g7
32. Dh5—h8† Aufgegeben.

Eine lehrreiche Partie.

19. Französische Verteidigung

Leicht verständlich, flott und gefällig, in Richters eigenartigem Angriffstil.

Richter Abramavicius
Hamburger Olympiade 1930. III. Schönheitspreis.

1. d2—d4 Sg8—f6
2. Sb1—c3 d7—d5
3. Lc1—g5 e7—e6
4. e2—e4 d5:e4
5. Sc3:e4 Lf8—e7
6. Lg5:f6 Le7:f6
7. Sg1—f3 Sb8—d7
8. Lf1—d3 0—0

Aljechin befürwortet c5! als einzigen ausreichenden Gegenzug.

9. Dd1—e2 c7—c5
10. 0—0—0 c5:d4
11. g2—g4 g7—g6

Unbedingt mußte Da5 geschehen.

12. h2—h4 Lf6—g7
13. h4—h5 Tf8—e8
14. h5:g6 h7:g6
15. g4—g5 e6—e5
16. Th1—h4 Sd7—f8
17. Td1—h1 Lc8—f5
18. De2—f1 Ta8—c8

Schwarz vertraut der Festigkeit seiner Stellung. In Betracht kam Se6, um dem König ein Ventil zu verschaffen.

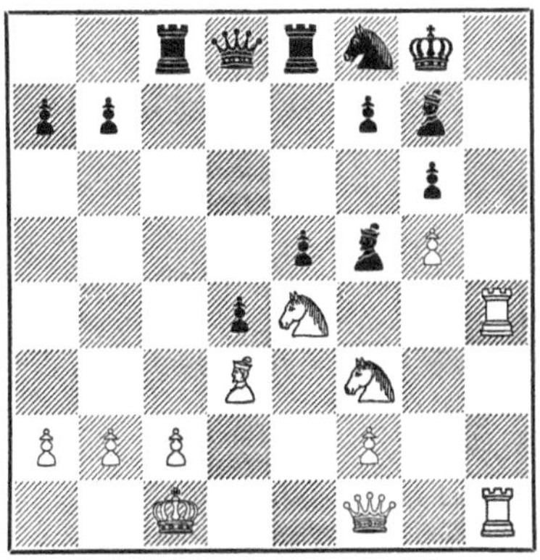

19. Th4—h8†!

Eine echt Richtersche Überraschung.

19. . . . Lg7:h8
20. Th1:h8† Kg8:h8
21. Df1—h1† Sf8—h7

Auf Kg7 wäre 22. Dh6† gefolgt, auf 21. . . . Kg8 aber 22. Sf6† Df6:, 23. gf6:, gefolgt von 24. Dh6 Se6, 25. Sg5 nebst 26. Dh7† und Dh8‡.

22. Se4—f6 Kh8—g7

Oder Df6: 23. gf6: Kg8. (Es drohte 24. Sg5.) 24. Lf5: gf5:, 25. Dg1† mit nachfolgendem Matt.

23. Dh1—h6† Aufgegeben,

es folgt Matt im nächsten Zuge.

20. Französische Verteidigung

Ähnlich wie Nr. 19, nur mit dem Unterschied, daß mit Rücksicht auf den härteren Gegner weniger Grazie und mehr Kraft vorhanden ist.

Richter — Nielsen
Niendorf 1934, Schönheitspreis.

1. e2—e4	e7—e6
2. d2—d4	d7—d5
3. Sb1—c3	Sg8—f6
4. Lc1—g5	d5:e4

Auf Le7 5. Lf6: Lf6: kommt die Spezialwaffe des deutschen Meisters 6. e5 zur Anwendung, Schwarz beugt also vor.

5. Sc3:e4	Lf8—e7
6. Lg5:f6	Le7:f6
7. Sg1—f3	Sb8—d7
8. Lf1—d3	0—0
9. Dd1—e2	c7—c5
10. 0—0—0	c5:d4
11. g2—g4	e6—e5

Nach Aljechin würde Weiß auf 11. ... Da5! höchstens seinen Bauern zurückgewinnen, sein Angriff würde sich aber verflüchtigen.

12. g4—g5	Lf6—e7
13. h2—h4	Dd8—a5
14. Kc1—b1	Sd7—b6

Es droht Le6 16. a3 La3: oder 16. b3 Sd5, die weiße Riposte entscheidet aber sofort.

Siehe obenstehendes Diagramm!

15. Se4—f6†!	Le7:f6

Nach gf6: gewinnt Weiß in allen Abspielen, z. B. 16. gf6: Lf6:, 17. Tdg1† Lg7, (Kh8 18. De4.) 18. Lh7:† Kh8 (Kh7:, 19. Sg5†.) 19. Sg5 Sd5, 20. Dh5 Sf6, 21. Sf7:† usw.

16. g5:f6	Lc8—e6
17. a2—a3	g7—g6

Auf gf6: käme die Antwort 18. Sg5! (Droht 19. Dh5.) fg5: 19. hg5: f5, 20. gf6:, und die offenen Linien bringen die Entscheidung.

18. h4—h5	Sb6—d7
19. h5:g6	h7:g6

Oder 19. ... fg6:, 20. Sg5 usw.

20. Td1—g1!	Sd7:f6

Es gibt keine Rettung. Die Drohung war 21. De4 nebst 22. Tg6:† usw.

21. Sf3:e5	Tf8—e8
22. Ld3:g6	Le6—a2†

22. ... Kf8 hätte 23. Lf7:! Lf7:, 24. Sd7†! Sd7:, 25. Th8† zur Folge.

23. Kb1:a2	Te8:e5
24. De2—c4!	Sf6—d5
25. Lg6—d3†	Kg8—f8
26. Th1—h8†	Kf8—e7
27. Th8:a8	Aufgegeben.

21. Damengambit

Ein prächtiges Doppelopfer entblößt die weiße Rochadestellung und ermöglicht einen Mattangriff gegen den weißen König.

Nimzowitsch Tarrasch
St. Petersburg 1914, II. Schönheitspreis

1.	d2—d4	d7—d5
2.	Sg1—f3	c7—c5
3.	c2—c4	e7—e6
4.	e2—e3	Sg8—f6
5.	Lf1—d3	Sb8—c6
6.	0—0	Lf8—d6
7.	b2—b3	0—0
8.	Lc1—b2	b7—b6
9.	Sb1—d2	Lc8—b7

Die schwarze Stellung ist um eine Nuance besser, da der Sc6 einen Bauern angreift, während sein Gegenspieler auf d2 sich vorläufig mit einer bescheideneren Rolle begnügen muß.

10.	Ta1—c1	Dd8—e7
11.	c4:d5	e6:d5
12.	Sf3—h4	g7—g6
13.	Sh4—f3	

Nun pocht Weiß auf die etwas geschwächte große Diagonale a1—h8.

13. ... Ta8—d8

Die Chancen des Schwarzen liegen ebenfalls auf der Königsseite. Der Textzug soll Se4 vorbereiten, was nicht gleich ging, denn nach 14. dc5: wäre Schwarz gezwungen, durch Lc5: seine Bauernstellung zu schwächen, da 14. ... bc5: sich wegen 15. Le4: de4:, 16. Se4: mit Bauernverlust verbietet.

14.	d4:c5	b6:c5
15.	Ld3—b5	Sf6—e4
16.	Lb5:c6	

Um nach Dc2 das unangenehme Sb4 auszuschalten.

16.	...	Lb7:c6
17.	Dd1—c2	

Bisher handelte es sich in höherem Sinne um einen Prinzipienkampf der beiden großen Theoretiker. Tarrasch behauptete stets, das Zentrum sei mit Bauern zu besetzen, während der Vorläufer der späteren „Neuromantiker“, Nimzowitsch, es für genügend hielt, die Zentralfelder durch Figuren zu kontrollieren. Nun hat jeder „seine“ Stellung erreicht und die Kombinationen setzen ein.

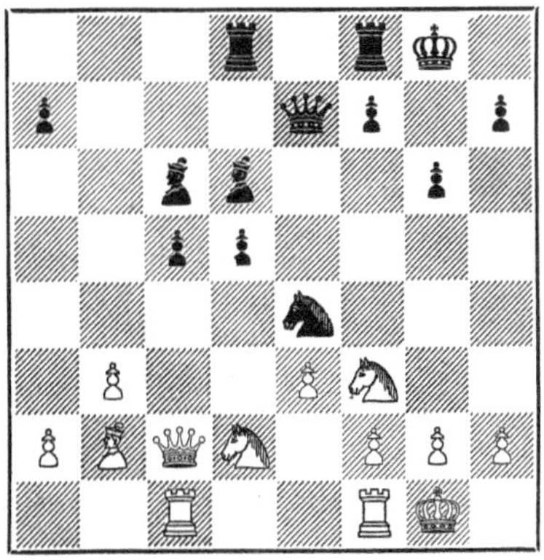

17. ... Se4:d2!

Dieser und der nächste starke Zug öffnen die Läuferschrägen gegen die weiße Königsburg. Nimzowitsch findet keine Zeit, sich die lange Diagonale nutzbar zu machen.

18.	Sf3:d2	d5—d4
19.	e3:d4	Ld6:h2†!
20.	Kg1:h2	De7—h4†
21.	Kh2—g1	Lc6:g2!

Die Pointe!

22. f2—f3

Nach 22. Kg2: Dg4†, 23. Kh1 Td5 wäre das Matt nur durch Damenopfer abzuwehren.

22. ... Tf8—e8!

Angriff ist hier die richtige Parole und nicht Herstellung des materiellen Gleichgewichtes mit Lf1: nebst cd4: usw.

23. Sd2—e4

Gegen das drohende Te2 gerichtet. 23. Tfel ist kaum besser, es würde Tel:† 24. Tel: Del:†, 25. Kg2: Td5 mit Mattangriff folgen.

23. ...	Dh4—h1†
24. Kg1—f2	Lg2:f1
25. d4—d5	

Der Läufer war wegen Dh2† natürlich tabu.

25. ...	f7—f5
26. Dc2—c3	Dh1—g2†
27. Kf2—e3	Te8:e4†!
28. f3:e4	f5—f4†

Tarrasch hat sich schon vorher ein hübsches Mattbild ausgeklügelt, das er nun verwirklicht, während er die prosaische Mattführung Dg3† 29. Kd2 Df2†, 30. Kd1 De2 offenbar übersehen hat. Von zwei Wegen, die hier nach Rom führen, wählte er den weiteren und schöneren.

29. Ke3:f4	Td8—f8†
30. Kf4—e5	Dg2—h2†
31. Ke5—e6	Tf8—e8†

Weiß streckte die Waffen, denn auf Kf6 folgt Df4, auf Kd7 Lb5 mit Matt.

Wiener Partie

In dem letzten Treffen der beiden Großen brachte der junge Lasker abermals den Beweis, daß er seinen Weltmeistertitel nicht unverdient erworben hat.

Steinitz — Lasker

London 1899, I. Schönheitspreis.

1. e2—e4	e7—e5
2. Sb1—c3	Sg8—f6
3. f2—f4	d7—d5
4. d2—d3	Sb8—c6
5. f4:e5	Sc6:e5
6. d3—d4	Se5—g6
7. e4:d5	Sf6:d5
8. Sc3:d5	Dd8:d5

Schwarz erlangte bereits völligen Ausgleich.

9. Sg1—f3	Lc8—g4
10. Lf1—e2	0—0—0
11. c2—c3	Lf8—d6
12. 0—0	Th8—e8
13. h2—h3	Lg4—d7
14. Sf3—g5?	

Dort anzugreifen, wo der Gegner Chancen hat, ist eine verkehrte Strategie. Besser war 14. b4.

14. ...	Sg6—h4!

Lasker ergreift sofort die Gelegenheit zum Gegenangriff. Auf das scheinbar bessere f6 käme 15. c4.

15. Sg5—f3

Bitterer Zwang. Auf 15. Lf3 würde Sf3:† folgen und Schwarz hat in allen Varianten die Oberhand, z. B. 16. Df3: Df3:, 17. Tf3: Tel†, 18. Kf2 Tde8; oder 16. Tf3: f6, 17. Sh7: Dh5!, 18. Dd3 Tel†, 19. Kf2 (Tf1 Lh2†.) Tde8; oder endlich 16. Sf3: Lb5, 17. Tel Lg3 usw. Lasker wartet nun mit einer feinen und weit berechneten Kombination auf:

15. ... Sh4:g2!
16. Kg1:g2 Ld7:h3†!
17. Kg2—f2

Nach Verspeisung des Läufers ist das Matt unabwendbar: 17. Kh3: Df5†, 18. Kg2 Dg4†, 19. Kh1 Dh3†, 20. Kg1 Dg3†, 21. Kh1 Te4, 22. Lg5 Tg4, 23. Tg1 Dh3† usw.

17. ... f7—f6!

Dieser stille Zug ist bedeutend stärker als Lf1:.

18. Tf1—g1 g7—g5
19. Lc1:g5

Weiß ist bestrebt, den feindlichen Bauernwall ehebaldigst zu demolieren, denn er kann seinen vom Angriff bedrohten König nicht rechtzeitig in ein stilles Asyl bringen.

19. ... f6:g5
20. Tg1:g5 Dd5—e6
21. Dd1—d3
Es droht De3†.
21. ... Ld6—f4
22. Ta1—h1

Der Turm mußte stillhalten, denn verläßt er die g-Linie, folgt Tg8 und zieht er auf derselben, so folgt Lf5 mit zunehmendem schwarzen Angriff.

22. ... Lf4:g5
23. Sf3:g5 De6—f6†
24. Le2—f3 Lh3—f5
25. Sg5:h7 Df6—g6
26. Dd3—b5 c7—c6

Eine Partie besteht nicht aus lauter Angriffszügen.

27. Db5—a5 Te8—e7!
28. Th1—h5

Das Spiel ist natürlich auch bei 28. Da7: Tg8!, 29. Da8† Kc7, 30. Da5† Kb8 verloren.

28. ... Lf5—g4
29. Th5—g5 Dg6—c2†
30. Kf2—g3 Lg4:f3
Aufgegeben.

Eine der besten Lasker-Partien.

23. Damengambit

Eine echte Schönheitspartie, bis zum Schluß interessant und aufregend.

Réti — Wolf
Teplitz-Schönau 1922, 1. Schönheitspreis.

1. d2—d4 d7—d5
2. c2—c4 e7—e6
3. Sb1—c3 Sg8—f6
4. Lc1—g5 Lf8—e7
5. e2—e3 0—0
6. Sg1—f3 Sb8—d7
7. Ta1—c1 c7—c6
8. Dd1—c2 a7—a6
9. c4—c5!?

Ein zweischneidiges Unternehmen; üblich sind hier auch die Züge a3, cd5: oder Ld3.

9. ... e6—e5!
10. d4:e5

Weiß ist hierzu gezwungen, sonst rückt der Bauer weiter vor.

10. ... Sf6—g4
11. Lg5:e7 Dd8:e7
12. Sc3—a4 Tf8—e8!

Schwarz kann sich in aller Ruhe entwickeln, der Be5 läuft nicht weg.

13. Lf1—d3! h7—h6

Sf8? wäre ein Mißgriff wegen 14. Sb6 Tb8, 15. Sc8: und 16. Lf5.

14. Sf3—d4
Viel besser war hier die Rochade.
14. ... Sd7:e5!
Réti rechnete nur mit Sge5:.
15. Sa4—b6

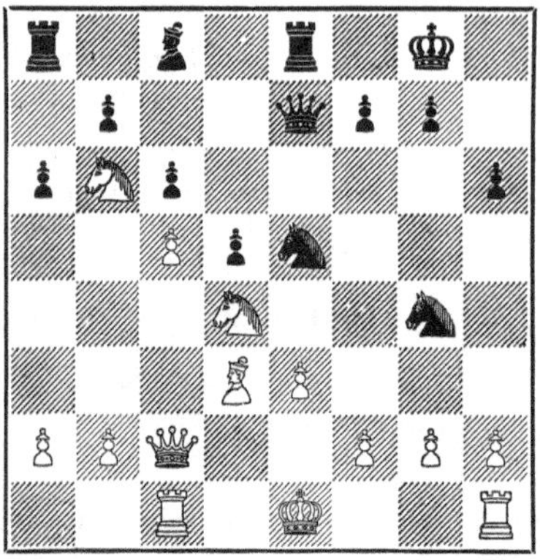

15. ... Sg4:f2!!
16. Ld3—h7†

16. Kf2: Sg4† führt in allen Abspielen zum Gewinn. Das schönste besteht in 17. Ke1 De3:†, 18. Se2 Lf5!, 19. Lf5:. (Es gibt nichts besseres, denn Td1 Df2† und Te2:† gewinnt die Dame.) Df2† mit Damengewinn.

16. ... Kg8—h8
17. 0—0

Der Springer war auch jetzt nicht zu nehmen.

17. ... Sf2—g4
18. Sb6:a8

Es gibt keine Wahl, Schwarz hat eine übermächtige Stellung.

18. ... Sg4:e3
19. Dc2—e2

Auf 19. Db1 kann Sf1: 20. Tf1: g6 folgen.

19. ... Se3:f1
20. Lh7—b1 Sf1:h2
21. Sa8—b6

Auf 21. Kh2: wäre Dh4† nebst Dd4: die Antwort.

21. ... Se5—f3†!
22. g2:f3

22. Kh1 Sd4:, 23. De7: Te7:, 24. Sc8: Tc7 ergibt ein glatt gewonnenes Endspiel mit zwei Bauern mehr.

22. ... De7—g5†
23. Kg1:h2 Te8:e2†
24. Sd4:e2 Dg5—e5†
25. Se2—g3

25. Kh1 De2:, 26. Sc8: Df3† verliert den Turm. Die weißen Figuren kommen gegenüber der wendigen Dame nicht zu Wort.

25. ... De5:b2†
26. Tc1—c2 Db2:b1
27. Tc2—e2 Lc8—e6
28. f3—f4 g7—g6
29. Sb6—a8 h6—h5
30. Sa8—c7 h5—h4
31. Sg3—h1 Db1—d3
32. Te2—f2 Le6—f5
Aufgegeben.

24. Damenindische Verteidigung

Ein wohlverdienter taktischer Sieg. Schwarz schweifte in die Ferne und stolperte über einen kleinen Kieselstein.

Colle Grünfeld
Berlin 1926, Schönheitspreis.

1. d2—d4 Sg8—f6
2. Sg1—f3 e7—e6
3. e2—e3 b7—b6
4. Lf1—d3 Lc8—b7
5. Sb1—d2

Bedeutend besser als die Rochade, wie z. B. in der Partie Morrison—Capablanca, denn der geschehene Zug verhindert Se4.

5. ... c7—c5
6. 0—0 Lf8—e7
7. b2—b3 c5:d4
8. e3:d4 d7—d6

Energischer erscheint d5.

9. Lc1—b2	Sb8—d7
10. c2—c4	0—0

Der Aufmarsch ist beendet, Weiß steht günstiger.

11. Ta1—c1	Tf8—e8
12. Tf1—e1	Dd8—c7
13. Dd1—e2	Ta8—c8
14. Sd2—f1	Dc7—b8
15. Sf1—g3	Db8—a8

Mit seinen letzten Zügen will Schwarz auf der langen Schräge drücken, er hätte aber statt Dc7 durch Tc8, Tc7 und Da8 einen Zug ersparen können.

16. Sf3—g5!

Weiß darf seinen Bauern getrost hergeben, der Angriff überkompensiert ihn. Die schwarze Dame fehlt zur Abwehr, und auf dieser Orangenschale ist Schwarz ausgeglitten.

16. ...	g7—g6?

Der Textzug findet in folgender reizenden Variante seine Begründung: 16. ... Lg2:, 17. d5! ed5:, 18. Sf5! Lf8, 19. Dh5!! Sh5:, 20. Sh6†! nebst Matt im nächsten Zuge. Dagegen verteidigt sich Grünfeld, er hat aber die treffliche Antwort nicht in Betracht gezogen. Besser war Lf8.

17. Sg5:f7!	Kg8:f7
18. De2:e6†	Kf7—g7

Auch auf Kf8 würde 19. d5 folgen, oder gar 19. Tc3, mit der Drohung 20. Lc1.

19. d4—d5!

Damit ist die Partie entschieden, die Schwarzfiguren des Damenflügels kommen nicht mehr zur Geltung.

19. ...	Sd7—c5
20. Sg3—f5†!	Kg7—f8

Wird der Springer genommen, so entscheidet 21. Df5: Sd3:, 22. Te7:†! usw.

21. De6—e3!	g6:f5

Nunmehr Zwang.

22. De3—h6†	Kf8—f7
23. Ld3:f5	Lb7:d5

Bereits Verzweiflung.

24. Te1:e7†	Te8:e7
25. Dh6:f6†	Kf7—e8
26. Df6—h8†	Ke8—f7
27. Lf5:c8	Aufgegeben;

denn zieht der Läufer, folgt Dg7† und Dg8‡, und Le6? hat nach Le6:† Damenverlust zur Folge.

25. Spanische Partie

Capablancas erste Partie auf dem europäischen Festlande.

Capablanca	Bernstein
San Sebastian 1911,	Schönheitspreis.
1. e2—e4	e7—e5
2. Sg1—f3	Sb8—c6
3. Lf1—b5	Sg8—f6

Diese Berliner Verteidigung hat Lasker befürwortet, doch hat sich 3. ... a6 stärker eingebürgert.

4. 0—0	Lf8—e7
5. Sb1—c3	d7—d6
6. Lb5:c6†	

Bekanntlich ist d4 die energischere Fortsetzung.

6. ... b7:c6
7. d2—d4 e5:d4

Statt der Aufgabe des Zentrums hat der Dogmatiker Tarrasch Sd7 8. de5: de5: empfohlen, doch bliebe der Doppelbauer in der c-Linie nicht gerade anziehend.

8. Sf3:d4 Lc8—d7
9. Lc1—g5.

Eine andere weit zielende Entwicklungsweise wäre b3 und Lb2, mit Druckspiel gegen Punkt g7.

9. ... 0—0
10. Tf1—e1 h7—h6
11. Lg5—h4 Sf6—h7
12. Lh4:e7 Dd8:e7
13. Dd1—d3 Ta8—b8
14. b2—b3 Sh7—g5
15. Ta1—d1

Capablanca betreibt Zentralisation, doch war f4 stärker. Er wollte offenbar keine Zeit verlieren und den Springer dorthin treiben, wohin er ohnedies strebt.

15. ... De7—e5
16. Dd3—e3

16. Da6 fruchtet wegen Dc5 nichts.

16. ... Sg5—e6
17. Sc3—e2 De5—a5

Dieser Zug ist keinesfalls zu billigen, Da2: droht ja mit Rücksicht auf Ta1 und Teb1 nicht, besser war also Sd4: oder Sc5 18. Sg3 Tfe8.

18. Sd4—f5 Se6—c5

Er möchte den unangenehmen Springer tauschen, Weiß trifft aber sofort Gegenmaßnahmen. Da2: ist auch jetzt nicht angängig, Schwarz ginge nach 19. Dc3!. (Droht Ta1.) Da6, 20. Sf4! f6, 21. Dg3 rasch zugrunde.

19. Se2—d4! Kg8—h7

Es drohte bereits Sc6: oder Se7†.

20. g2—g4 Tb8—e8
21. f2—f3 Sc5—e6
22. Sd4—e2 Da5:a2

Schwarz glaubt, seine Zeit ist gekommen und der Angriff des jungen Kubaners sei nur Bluff. Besser war Db6; nach dem Damentausch steht Weiß etwas besser, aber noch fern vom Gewinn.

23. Se2—g3 Da2:c2

f6 und Tf7 war höchstes Gebot. Der Textzug ist konsequent, inzwischen wurde aber der weiße Angriff unwiderstehlich.

24. Td1—c1!

Verhindert Dc5, denn nach dem Damentausch stünde natürlich Schwarz mit zwei Mehrbauern klar auf Gewinn.

24. ... Dc2—b2
25. Sg3—h5 Tf8—h8

g6 verbietet sich wegen 26. Dh6:† Kg8, 27. e5! gh5:, 28. gh5:, worauf die offene g-Linie entscheidet. Die beste Verteidigung war g5, obzwar die schwarze Stellung nach 26. e5 keinesfalls beneidenswert wäre.

26. Te1—e2 Db2—e5
27. f3—f4 De5—b5

Nun ist die Dame vom Königsflügel abgedrängt und der Schlußangriff setzt ein.

28.Sf5:g7! Se6—c5

Capablanca hatte Sg7: erwartet, worauf er nach 29. Sf6† Kg6, 30. Sd7: f6. (Es drohte f5† und Sf6‡.) 31. e5! Kf7.(Sonst folgt De4† und Tc6:.) 32. Sf6: Te7, 33. Se4 de4:, 34. f5 mit Tec2 seinen Angriff auf der c-Linie fortsetzen wollte. Demgegenüber empfahl Tarrasch 28. ... Td8 und sah nach 29. f5 Sf8 keinen Vorteil für Weiß. Nach dem Textzuge ist die Partie endgültig verloren.

29. Sg7:e8 Ld7:e8
30. De3—c3 f7—f6
31. Sh5:f6† Kh7—g6
32. Sf6—h5 Th8—g8
33. f4—f5† Kg6—g5
34. Dc3—e3† Kg5—h4
35. De3—g3† Kh4—g5
36. h2—h4‡.

26. Damenindische Verteidigung

Exweltmeister Aljechin zeigt sich in alter Größe.

Aljechin Alexander
Nottingham 1936, Spezialpreis für den besten Königsangriff.

1. d2—d4 Sg8—f6
2. c2—c4 e7—e6
3. Sg1—f3 b7—b6
4. g2—g3 Lc8—b7
5. Lf1—g2 Lf8—b4†

Auch Le7 kam in Betracht.

6. Sb1—d2

Gebräuchlicher ist hier Ld2, aber Aljechin scheut keine unbetretenen Pfade.

6. ... 0—0
7. 0—0 Lb4:d2

Zweckmäßiger erscheint die Aufstellung Te8 nebst Lf8.

8. Dd1:d2!

Aljechin hat wahrgenommen, daß das Fehlen des schwarzfeldrigen Läufers auszunützen ist, und entwickelt deshalb den eigenen nach b2.

8. ... d7—d6
9. b2—b3 Sb8—d7
10. Lc1—b2 Ta8—b8

Zeitverlust. Se4 und f5 war geboten, worauf Weiß ebenfalls besser steht, aber das bedeutet noch keinesfalls Partiegewinn.

11. Ta1—d1 Sf6—e4
12. Dd2—e3 f7—f5
13. d4—d5!

Ein feiner Zug! Zwar wird der weiße Damenbauer schwach, aber der Weg zum schwarzen Hauptquartier ist frei.

13. ... e6:d5

Auf De8 folgt als Antwort 14. Sd4, während 13. ... e5, 14. Sh4 einen Bauern kostet.

14. c4:d5 Sd7—f6
15. Sf3—h4! Dd8—d7

Der Bauer war vergiftet, denn auf 15. ... Sd5: folgt 16. Td5:! Ld5:, 17. Dd4! und auf 15. ... Ld5:, 16. Lf6: Sf6:, 17. Td5: Sd5:, 18. De6† usw.

16. Lg2—h3 g7—g6

Auch jetzt ist der Bauer tabu: Sd5: 17. De4:, oder 16. ... Ld5:, 17. Td5: nebst De4:.

17. f2—f3 Se4—c5
18. De3—g5! De7—g7

Einzige Parade gegen die dreifache Drohung: Lf6:, Sf5:, e4.

19. b3—b4

Weiß führt den Angriff mit vollendeter Technik.

19. . . . Sc5—d7
20. e2—e4! Sf6:e4

Es gibt nichts besseres. Auf fe4: bringt 21. Ld7: die Entscheidung.

21. Dg5—c1!

Die Pointe der bisherigen Spielführung. Nach 21. Lg7: Sg5:, 22. Lf8: Sh3:†, 24. Kg2 Tf8:, 25. Kh3: Sf6 stünde Schwarz mit zwei Bauern im Köcher trotz Qualitätsnachteils nicht übel.

21. . . . Se4—f6
22. Lh3:f5!

Es folgt der zweite, nicht minder feine Abschnitt des großen Planes.

22. . . . Kg8—h8

Nach gf5: 23. Sf5: folgt entweder Damenverlust, oder im Falle von Dh8 24. Sh6† Kg7, 25. Dg5‡.

23. Lf5—e6 Lb7—a6
24. Tf1—e1 Sd7—e5
25. f3—f4! Se5—d3
26. Td1:d3 La6:d3
27. g3—g4 Aufgegeben.

Materialnachteil ist nicht zu vermeiden. Der verlorene Weltmeisterschaftskampf hat die Spielstärke und Angriffskraft Aljechins nicht beeinflußt.

27. Halbindisch, Döry-Verteidigung

Scharfe Zentrumsgeplänkel und effektvolle Überrumpelung am Königsflügel.

Aljechin — Marshall
New York 1927, II. Schönheitspreis.

1. d2—d4 Sg8—f6
2. c2—c4 e7—e6
3. Sg1—f3 Sf6—e4
4. Sf3—d2

Nach Aljechins Dafürhalten die beste Antwort.

4. . . . Lf8—b4
5. Dd1—c2

a3 verbot sich wegen Df6.

5. . . . d7—d5
6. Sb1—c3 f7—f5
7. Sd2:e4 f5:e4
8. Lc1—f4 0—0
9. e2—e3

Weiß hat eine feste Stellung.

9. . . . c7—c6

Andere Züge führen nach a3 zum Läufertausch, worauf die schwarzen Felder schwach bleiben.

10. Lf1—e2 Sb8—d7
11. a2—a3 Lb4—e7
12. 0—0 Le7—g5
13. f2—f3

Ein Zug des XX. Jahrhunderts. Immer begegnet man ihm in ähnlichen Stellungen schwerblütiger Partien.

13. . . . Lg5:f4
14. e3:f4 Tf8:f4

Etwas besser war es, mit ef3: und Sf6 die Entwicklung zu vollenden, obzwar Weiß auch in diesem Falle im Vorteil bliebe.

15. f3:e4 Tf4:f1†

Es gibt nichts besseres.

16. Ta1:f1 e6—e5

Marshall versucht eine Finesse auszuklügeln, denn auf ruhige Züge kommt Weiß durch e5, Ld3 und Df2 zur Besetzung aller freien Linien.

17. Dc2—d2!

Deckt den Bd4, der wegen d4! selbst nicht schlagen durfte.

17. ... c6—c5

18. d4:e5 d5—d4
19. Dd2—f4!

Die schwarze Stellung bricht nun in wenigen Zügen zusammen.

19. ... d4:c3
20. Df2—f7† Kg8—h8
21. b2:c3!

In manchen Partien Aljechins wiederholt sich das charakteristische Moment: inmitten des Angriffs ein stiller Sicherungszug! Sofortiges e6 wäre wegen Sf6! 22. e7 Dg8! nicht durchschlagend.

21. ... Dd8—g8
22. Df7—e7 h7—h6!

Es drohte 23. e6 Sf6, 24. e5, worauf jetzt Sh7 die Stellung verteidigen würde, Aljechin hat aber noch ein Eisen im Feuer:

23. Le2—h5! a7—a5

Es gibt keine Rettung.

24. e5—e6 g7—g6
25. e6:d7 Lc8:d7
26. Tf1—f7

Mit der Drohung 27. Df6†. Schwarz streckte die Waffen.

28. Damengambit

Schwarz gewann durch kraftstrotzenden, prächtigen Königsangriff.

Halprin Pillsbury
Wien 1898, I. Schönheitspreis.

1. d2—d4 d7—d5
2. Sg1—f3 Sg8—f6
3. e2—e3 c7—c5
4. b2—b3 c5:d4
5. e3:d4 Sb8—c6
6. c2—c4 Lc8—g4
7. Lf1—e2 e7—e6
8. 0—0 d5:c4
9. b3:c4 Ta8—c8

Schwarz hat gegen die zwei weißen Bauern ein vorgeschriebenes Spiel.

10. Lc1—b2 Lf8—e7
11. Sb1—d2 0—0
12. Dd1—b3 Dd8—c7
13. Ta1—c1 Tf8—d8
14. Db3—e3

Kein allzu gelungener Einfall. Besser war es, mit Tfd1 die Entwicklung zu vollenden, die Dame stand vorläufig auf b3 gut genug.

14. ... Le7—d6!

Unterstreicht sofort die Schwäche des vorigen Zuges. Es droht 15. ... Lf4, 16. Dd3 Lf3:, 17. Lf3: Sd4:, 18. Ld4: e5 mit Bauerngewinn.

15. g2—g3

Diese erzwungene Schwächung gibt der Partie eine neue Richtung.

15. ... Dc7—a5
16. Le2—d3

In Betracht kam auch d5, obzwar darauf die Bauern schwach werden.

16. ... Da5—h5!

Dieser starke Zug leitet den Angriff gegen den geschwächten Königsflügel ein. Da2: wäre wegen 17. Ta1 Db2:, 18. Tfb1 Dc3, 19. Lh7:† usw. fehlerhaft.

17. Sf3—g5 e6—e5!
18. d4—d5

de5: öffnet die Stellung zugunsten der besser entwickelten schwarzen Partei.

18. ... Sc6—d4
19. h2—h4

Nach zweimaligem Schlagen auf d4 steht der Springer auf g5 ein, während 19. f3 Lc5! zur Folge hätte.

19. ... h7—h6
20. Sg5—e4 Sf6:e4
21. Sd2:e4

Auf andere Schlagmöglichkeiten folgt f5! usw.

21. ... Sd4—f3†
22. Kg1—g2 Ld6—b8
23. Tf1—h1

Bereitet Le2 vor, das sofort wegen Sh4:†! verfehlt war.

23. ... f7—f5!
24. Se4—c3 e5—e4!

Damit ist die Partie ungefähr entschieden, die eingedrungenen schwarzen Figuren sind in fester Stellung und gegen die latenten Drohungen der im Hintergrunde angesammelten Streitkräfte gibt es kaum eine Verteidigung.

25. Ld3—e2 Td8—e8
26. Sc3—b5 f5—f4!
27. De3—a3

Nach gf4: Dg6!, 28. Kf1 Lh3†! wird Weiß Matt.

27. ... e4—e3
28. d5—d6 Sf3—e5!
29. Lb2:e5 f4—f3†
30. Kg2—h2 Te8:e5
31. Le2—d3 Lg4—d7

Nun droht e2 nebst Dg4 mit rascher Entscheidung.

32. f2:e3 Dh5—g4
33. Ld3—f1 Te5—h5!

Ein Schlag folgt dem anderen: ein farbenfroher Kampf.

34. Tc1—c2

Es drohte 34. ... Th4:†, 35. gh4: Dh4:†, 36. Kg1 Dg3† und Matt im nächsten Zuge. Auf 34. Db2 gewinnt Lb5:! 35. Lh3. (cb5:Tc1: führt zur vorigen Mattführung.) Th4:! und der Lb8 greift ein.

34. ... Th5:b5
35. Tc2—d2 Tb5—e5
36. Da3—b2 Te5:e3
Aufgegeben.

29. Damengambit

Schwarz ergreift die günstige Gelegenheit, hebt durch eine nette Kombination die gegnerische Stellung aus den Angeln und behält in wildem Kampfe die Oberhand.

Eliskases — Gilg
Liebwerda 1934, I. Schönheitspreis.

1. d2—d4	Sg8—f6
2. c2—c4	e7—e6
3. Sb1—c3	d7—d5
4. Lc1—g5	Lf8—e7
5. e2—e3	0—0
6. Sg1—f3	Sb8—d7
7. Ta1—c1	c7—c6
8. Dd1—c2	Sf6—e4

Dieser Entlastungszug ist mit der Fortsetzung a6 nebst dc4:, b5 und c5, womit ein Gegenspiel am Damenflügel eingeleitet wird, gleichwertig.

9. Lg5—f4

Einfacher war Le7: De7:, 10. Le2. (Nicht Se4: de4:, 11. De4: wegen Db4† und Db2:.), denn Weiß muß trachten, schleunigst zu rochieren.

9. ...	f7—f5
10. h2—h4	

Gegen g5 gerichtet, in Betracht kam aber 10. Se5 und nach g5 11. Sd7: Ld7:, 12. Le5.

10. ...	Sd7—f6!
11. Lf1—e2	

Kein allzu glückliches Unternehmen. Se5 sollte geschehen; Eliskases hat jedoch die Widerlegung des Textzuges übersehen.

11. ...	Sf6—g4
12. Sc3:e4	

Auf andere Entgegnungen fällt f2 oder h4, und auf Sd1 folgt Da5†.

12. ...	f5:e4
13. Sf3—d2	e6—e5!

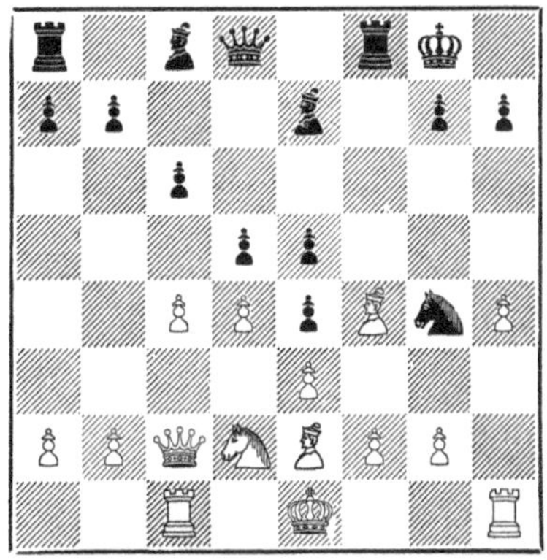

Die Pointe der Kombination. Nach 13. ... Sf6, 14. c5 ist die weiße Stellung vorzuziehen, während sich jetzt um die weiße Majestät dunkle Wolken zusammenballen.

14. d4:e5

Erzwungen, denn nach Lg4: ef4: ginge Weiß noch rascher zu Grunde.

14. ...	Tf8:f4!
15. e3:f4	e4—e3!
16. Le2:g4	

Ein besserer Zug ist nicht vorhanden. Auf 16. fe3: folgt Lh4:†, auf 16. Sf1 oder Sb1 Lb4†, auf 16. Sf3 dagegen ef2:†, 17. Kd2 Lb4†, 18. Kd3 Lf5†, 19. Kd4 c5‡! Die schwarzen Leichtfiguren kommen bedrohlich zur Geltung.

16. ...	e3:d2†
17. Dc2:d2	Lc8:g4
18. c4:d5	c6:d5
19. f2—f3	

Etwas chancenreicher war 0—0 Lh4:, 20. g3 Le7, 21. f3 Le6, 22. Tfd1 Db6†, 23. Dd4! und Bauernvormarsch, obzwar Schwarz bei sorgfältigem Spiel auch in diesem Falle gewinnen würde.

19. ... Lg4—e6!

In gewonnenen Stellungen ist größte Vorsicht am Platze. Auf das verführerische Lh4:† 20. Kf1 Le6 würde 21. g4 folgen und Schwarz muß gegen f5 und Dh2 Vorkehrungen treffen.

20. g2—g4 Dd8—b6
21. f4—f5

Ein verzweifelter Versuch. Längeren Widerstand ermöglichte Kf1, worauf Lc5, mit der Drohung Le3, eine starke Antwort wäre.

21. ... Le7—b4
22. Tc1—c3 d5—d4!

Bedeutend besser als Lc3: 23. bc3: Db1†, 24. Dd1 Dd1:† usw.

23. f5:e6 d4:c3
24. b2:c3 Ta8—d8!

Schwarz läßt sich auf die Verwicklungen, die nach Lc3: 25. Dc3: Db1†, 26. Ke2 Dh1:, 27. e7 entstehen, nicht ein.

25. Dd2—c1 Td8—c8
26. e6—e7 Db6—c5!
Aufgegeben.

30. Sizilianische Verteidigung

Eine der besten Partien des jugendlichen Russen und künftigen Weltmeisters. Eine äußerst schwierige, weitberechnete Durchbruchskombination bringt die Entscheidung.

Rauser — Botwinnik
Leningrad 1933, Schönheitspreis.

1. e2—e4 c7—c5
2. Sg1—f3 Sb8—c6
3. d2—d4 c5:d4
4. Sf3:d4 Sg8—f6
5. Sb1—c3 d7—d6

Auf sofortiges 5. ... g6 bringt bekanntlich 6. Sc6:! Weiß in Vorteil.

6. Lf1—e2 g7—g6
7. Lc1—e3 Lf8—g7
8. Sd4—b3

Smyslows Idee 8. g4 war damals unbekannt, findet aber auch heute wenig Anhänger.

8. ... Lc8—e6
9. f2—f4 0—0
10. 0—0

Auch hier ist g4 spielbar, führt aber zu schwerem, verwickelten Spiel für beide Teile.

10. ... Sc6—a5
11. Sb3:a5 Dd8:a5
12. Le2—f3

Bei Ld4 Tac8, 13. Te1 Tfd8, 14. a3 Lc4, 15. Lf3 würde e5! mit besserem Spiel für Schwarz folgen.

12. ... Le6—c4
13. Tf1—e1 Tf8—d8
14. Dd1—d2 Da5—c7

Schwarz will anscheinend Sd5 nicht zulassen.

15. Ta1—c1

Weiß hat die Absicht, nach 16. b3 Le6, 17. Sb5 nebst 18. c4 folgen zu lassen und entfernt den Damenturm aus dem Schußbereich des Läufers.

15. ... e7—e5!
16. b2—b3

Weiß hält an seinem ursprünglichen Plane fest und verwirft das bessere fe5:. 16. Sd5 war nicht angängig, denn Sd5: 17. ed5: ef4: wäre für Schwarz günstig.

16. ... d6—d5!

Eine für den späteren Weltmeister charakteristische Kombination, wodurch er schon manche Partie für sich entschieden hat: zwei benachbarte Bauern rücken unerwartet vor und sprengen die feindliche Stellung, wobei den eigenen Offizieren freie Bahn geschaffen wird.

17. e4:d5

Die beste Antwort.

17. ...	e5—e4!
18. b3:c4	

Die Partie ist durch zahlreiche Zeitungen und Rubriken gegangen. Becker und Ragosin gaben folgende Varianten:

I. 18. Le2 Ld5:, 19. Sd5: Sd5:! mit Gewinnstellung für Schwarz;

II. 18. Le4: Se4:, 19. Se4: Ld5:, 20. Dd3 Dc6, 21. Lf2 f5, 22. S∼ Lg2:;

III. 18. Se4: Sd5:, 19. Kh1! Se3:, 20. De3: Ld4, 21. Dd2 Lb2!, 22. Db4 Lc1:, 23. Sf6:†! Kh8!, 24. Dc3 Ld2, 25. Db2 Le6! (Dd6? verliert wegen 25. Te8†.) 26. Sd5† Lc3, 27. Sc3: Kg8, 28. Se4 Df4:, 29. Sf6† Kf8 und Schwarz gewinnt. Dieses Abspiel beweist, wie weit Botwinnik rechnen mußte!

Neben dem geschehenen Zuge kommt noch 18. Se4: Sd5:, 19. Kh1! Se3:, 20. De3: Ld4, 21. Dd2 Lb2, 22. De3! Lc1:, 23. Dc1: Le6, 24. Sf6† Kf8!, 25. Db2 in Betracht, Schwarz wird aber seinen Qualitätsvorteil nach und nach verwerten.

18. ...	e4:f3
19. c4—c5	Dc7—a5
20. Te1—d1	

d6 wäre mit Rücksicht auf Sg4! 21. Se4 Dd2:, 22. Ld2: f2†!, 23. Sf2: Ld4 verderblich; etwas besser war jedoch 20. gf3: Sd5:, 21. Sd5: Dd2:, 22. Ld2: Td5:, 23. Le3, obzwar Schwarz auch dabei das bessere Spiel erhält.

20. ...	Sf6—g4!
21. Le3—d4	

Auf Se4 Dd2:, 22. Ld2: folgt Ld4†.

21. ...	f3—f2†
22. Kg1—f1	

Auf Kh1 entscheidet Td5:! sofort.

22. ...	Da5—a6†
23. Dd2—e2	

Dd3 Ld4:!, 24. Da6: Se3†, 25. Ke2 f1D†!, 26. Tf1: ba6: führt zu Figurenverlust, und nach 23. Se2 Td5:! ist die weiße Stellung auch nicht sehr vertrauenerweckend.

23. ...	Lg7:d4
24. Td1:d4	

Da6: Sh2:†, 25. Ke2 f1D†! bedeutet wieder Figurenverlust.

24. ...	Da6—f6!

Führt die Dame mit Tempogewinn auf den anderen Flügel.

25. Tc1—d1

Die Partie ist auch nach Dd3, Te8, 26. Te4 Te4:, 27. Se4: Dh4, oder 26. h3 Te3, 27. Dd2 Tae8, 28. hg4: Te1†, oder endlich 26. Se4 Df4:, 27. Sf6† Df6:, 28. Tg4: Te5!, 29. Te4 Tae8 nicht zu retten.

25. ... Df6—h4!
26. De2—d3 Td8—e8!

Dh2: ist weniger energisch wegen der Antwort 27. Ke2 usw.

27. Td4—e4 f7—f5
28. Te4—e6 Sg4:h2†
29. Kf1—e2 Dh4:f4
Aufgegeben.

Botwinnik hat eine gewaltige Leistung vollbracht!

31. Damengambit

Weiß hat am Königsflügel angegriffen, dabei den Damenflügel ständig kontrolliert. Auf dieser Umsicht fußt auch seine nette Kombination: eine Schwäche des schwarzen Damenflügels führte zur entscheidenden Zunahme des Angriffs.

Réti Snosko-Borowski
London 1922, I. Schönheitspreis.

1. d2—d4 d7—d5
2. c2—c4 e7—e6
3. Sb1—c3 Sg8—f6
4. Lc1—g5 Sb8—d7
5. e2—e3 Lf8—e7
6. Sg1—f3 0—0
7. Dd1—c2

Dem Weißen standen hier auch die bewährten Züge Tc1 oder Ld3 zur Verfügung.

7. ... c7—c5
8. Ta1—d1 c5:d4

In Betracht kamen auch Da5 oder a6.

9. e3:d4 d5:c4
10. Lf1:c4

Der weiße Damenbauer neigt zur Schwäche, als Kompensation stehen die weißen Figuren ausgezeichnet.

10. ... h7—h6
11. Lg5—h4 Sd7—b6
12. Lc4—b3 Lc8—d7
13. 0—0 Ta8—c8
14. Dc2—e2! a7—a6

Sofortiges Sbd5 scheitert vorläufig an 15. Sd5: Sd5:, 16. Ld5:; Schwarz will also den Springerzug vorbereiten. Nach Wegzug des Sc3 droht Lb5 mit Qualitätsgewinn.

15. Tf1—e1

Beugt dem geschilderten Plane vor.

15. ... Le7—b4

Bedeutet Verteidigung gegen den Vorstoß d5. Lc6 wäre dazu wegen 16. Le6: ungeeignet. Nebenbei droht auf c3 Bauerngewinn

16. Sf3—e5!

Ein vortrefflicher Zug!

16. ... Lb4:c3
17. b2:c3 g7—g5

Sofort Tc3: hätte 18. Sg4! zur Folge.

18. Lh4—g3 Tc8:c3
19. h2—h4!

Weiß hat für den Bauern Angriffschancen bekommen.

19. ... Sf6—d5
20. De2—h5 Kg8—g7
21. Lb3:d5 e6:d5

Sd5: hätte, wie leicht ersichtlich, 22. hg5: hg5:, 23. Sd7: Dd7:, 24. Dg5:† nebst 25. Te4 zur Folge.

22. Se5:f7! Tf8:f7
23. Lg3—e5†

Durch seine beiden letzten Züge hat es Weiß zustande gebracht, daß Schwarz gegen dieses Schachgebot weder den Bauer, noch den Springer dazwischenstellen kann.

23. ... Tf7—f6

Kf8 ist wegen 24. Dh6:†, Kg8 25. Dg6† aussichtslos.

24. h4:g5 h6:g5
25. Dh5:g5† Kg7—f7
26. Dg5—h5† Kf7—g8

Auf Kf8 folgt die Antwort 27. Dh8†, auf Tg6 27. Dh7†, während jetzt eine Überraschung das Steuer herumwirft.

27. Td1—b1!

Die Pointe der Kombination, es droht 28. Dg5† nebst doppeltem Abtausch auf f6 und Gewinn des Sb6.

27. ... Tc3—c6

Auf 27. ... Lb5 folgt hübsch 28. Tb5:! ab5:, 29. Lf6: Df6:, 30. Te8† usw., während auf 27. ... Sc4, 28. Dg5† Kf7, 29. Tb7: die Figur zurückgewinnt.

28. Tb1—b3

Darauf ist es aus.

28. ... Ld7—e8
29. Tb3—g3† Le8—g6
30. Tg3:g6† Tf6:g6
31. Dh5—h8† Kg8—f7
32. Dh8:d8 Tc6—c8
33. Dd8—h4 Aufgegeben.

32. Unregelmäßig

Bei heterogenen Rochaden greift jede Partei die gegnerische Königsstellung scharf an; es ist dabei nur die Frage, wer kommt eher?

Nimzowitsch Vidmar
New York 1927, IV. Schönheitspreis.

1. e2—e3 d7—d5
2. Sg1—f3 Sg8—f6
3. b2—b3 Lc8—g4
4. Lc1—b2 Sb8—d7
5. h2—h3 Lg4—h5
6. Lf1—e2

Aljechin empfiehlt statt dessen d3 und bezeichnet die Unterlassung dieses Zuges als Grund der folgenden Schwierigkeiten.

6. ... e7—e6
7. Sf3—e5

Wieder war d3 nebst Sbd2 am Platze.

7. ... Lh5:e2
8. Dd1:e2 Lf8—d6
9. Se5:d7 Dd8:d7

Schwarz hat das Eröffnungsproblem befriedigend gelöst.

10. c2—c4 c7—c6!

Überdeckung des Bd5, das spätere e5 ermöglichend.

11. 0—0

Ein gewagtes Unternehmen! Besser war das abwartende 11. Sc3, während 11. d3 Lb4† zu überlegenem Spiel für Schwarz führt.

11. ... 0—0—0!

Man ahnt bereits, daß es keine Bindfadenpartie geben wird.

12. Sb1—c3

Hier war die letzte Gelegenheit zu d3; Schwarz kommt nun in Vorteil.

12. ... Ld6—c7

Es droht sowohl Dd6, als auch dc4:.

13. d2—d4 h7—h5!
14. c4—c5 g7—g5!
15. b3—b4 h5—h4
16. b4—b5 Td8—g8

17. b5:c6 b7:c6
18. f2—f3

Weiß ist gezwungen, gegen das drohende g4 Verteidigungsmaßnahmen zu treffen.

18. ... Sf6—h5
19. e3—e4 f7—f5

Vollorchestrierung!

20. e4:d5 e6:d5
21. Ta1—e1 g5—g4
22. h3:g4

Damentausch war auch nicht besser.

22. ... f5:g4
23. f3:g4 Tg8:g4
24. Sc3:d5

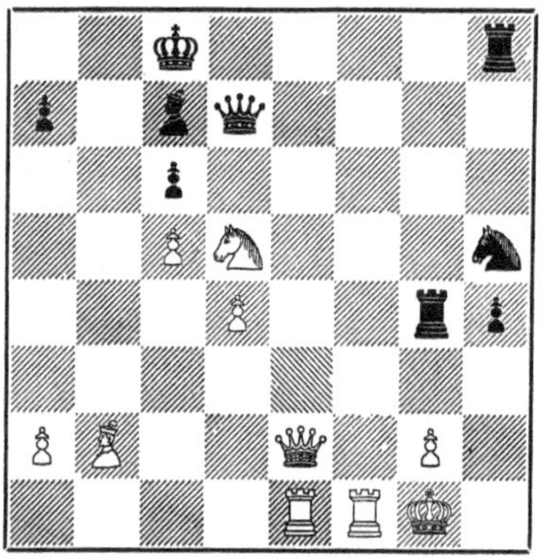

Selbst dieses Opfer hilft nicht. Auch auf den Damentausch 24. De6 folgt einfach und stark h3!

24. ... h4—h3!

cd5: 25. c6! Dg7, 26. De6† wäre mit unnötigen Gefahren verbunden.

25. Sd5—e7† Kc8—b7
26. Tf1—f3 Tg4:g2†
27. De2:g2 h3:g2
28. d4—d5 Dd7—g4
29. Tf3—b3† Kb7—a8
30. Lb2:h8 Dg4—h4!
31. d5—d6

Auf Turmzüge entscheidet Dh2†.

31. ... Dh4:e1†
32. Kg1:g2 Lc7—d8
33. Lh8—d4 Ld8:e7!

Vermeidet die letzte Falle: De4† 34. Kh2 Dd4:?, 35. Tb8†!

34. d6:e7 De1:e7
35. Ld4—f2 De7—e4†

Aufgegeben.

33. Mittelgambit

Der blutjunge Estländer führt den Angriff mit großer Wucht und bezwingt seinen Gegner durch mustergültigen Umfassungsangriff.

Feilitzsch Keres

Fernturnier der Deutschen Schachzeitung 1932, Schönheitspreis.

1. e2—e4 e7—e5
2. d2—d4

Das Mittelgambit ist in Fernpartien, wo die besten Gegenzüge, ohne Rücksicht auf den Zeitverbrauch, ermittelt werden können, kaum die geeignete, vollwertige Eröffnung.

2. ... e5:d4
3. Dd1:d4 Sb8—c6
4. Dd4—e3 Sg8—f6
5. Sb1—c3 Lf8—b4
6. Lc1—d2 0—0
7. 0—0—0 Tf8—e8

Schwarz steht bereits etwas besser, das Vis-a-vis der Dame und des Turmes ist unbehaglich.

8. Lf1—c4 d7—d6
9. f2—f3 Sc6—a5!

Vortrefflich! Weiß ist gezwungen, den Druck auf f7 aufzugeben, und Schwarz bekommt freie Hand zum Königsangriff.

10. Lc4—d3 d6—d5!

Lauter ungezwungene Normalzüge! Schwarz hat bereits die Führung und zwar in einer offenen Partie, nach 10 Zügen!

11. De3—g5 h7—h6
12. Dg5—h4 d5—d4
13. Sc3—e2 Lb4: d2†
14. Td1:d2 c7—c5!

Der Angriff kommt ins Rollen. Es droht vor allem c4.

15. c2—c4 Lc8—e6
16. b2—b3 b7—b5!

Der kaum 16jährige Jüngling begibt sich damit in das Gebiet der Kombinationen. Falls 17. cb5:, so Lb3:! und nimmt Weiß den Läufer, dann gewinnt 18. ... Sb3:†, 19. Kc2 Sd2:, 20. Kd2: Se4:† sofort.

17. Se2—f4 b5:c4
18. Sf4:e6.

Weiß konnte den gefährlichen Läufer mit knapper Not beseitigen, statt seiner fährt aber nun ein schweres Geschütz auf.

18. ... Te8:e6
19. b3:c4 Ta8—b8
20. Sg1—e2 Dd8—b6
21. Kc1—d1.

Ein durchaus notwendiger Sicherungszug, es drohte Sc4: und der Springer wäre wegen Mattgefahr auf b1 nicht zu nehmen.

21. ... Db6—b4!
22. Dh4—g3.

Wir können den Unterschied in der beiderseitigen Rolle der Damen beobachten: die schwarze greift an, die weiße ist zur Verteidigung gezwungen.

22. ... Sf6—d7
23. Td2—c2 Db4—a3
24. f3—f4

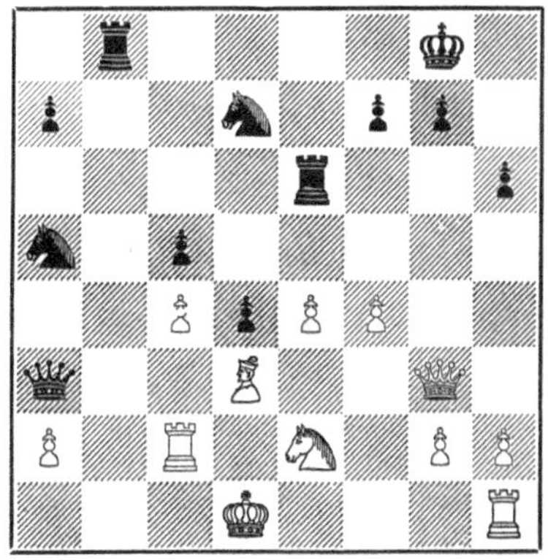

Auf Kd2 folgt Sc4:†! 25. Tc4: Se5,! 26. f4 Sc4:†, 27. Lc4: Db4†, 28. Kd3 Ta6 usw. Der geschehene Zug ist relativ der beste, er kontrolliert das wichtige Feld e5, zieht die Dame zur weiteren Verteidigung heran und scheint die Stellung sicherzustellen. Keres findet aber die hübsche Gewinnkombination.

24. ... Te6—g6!
25. Dg3—f3 Tg6:g2!!

Darauf gibt es keine Verteidigung. Der Turm darf wegen Dd3:† 27. Td2. (Auf Kc1 entscheidet De3† 28. Td2 Sc4:.) Db1† 28. Sc1 Sc4: nicht genommen werden, denn weiterer Materialverlust wäre dann nicht zu vermeiden.

26. e4—e5 Tb8—b1†
27. Tc2—c1

Nach Sc1 folgt Tc2:! 28. Lh7† Kh7:, 29. Da3: Tbc1:†, 30. Dc1: Tc1:†, 31. Kc1: Sc4: mit leicht gewonnenem Endspiel.

27. ... Sa5:c4!

Wieder am besten, der Springer greift verheerend ein.

28. Tc1:b1 Sc4—e3†
29. Df3:e3

Sonst ist das Matt nicht zu decken.

29. ... d4:e3
30. Ld3—c4 Da3—a4†

Aufgegeben. Nach 31. Lb3 De4 ist der weitere Widerstand aussichtslos.

34. Damenindische Verteidigung

Schwarz will sich nicht ins Schlepptau positionellen Massierens nehmen lassen; er erzwingt den scharfen Nahkampf und führt den Gegner mit einer reizenden Wendung aufs Glatteis.

Nimzowitsch Marshall
Kissingen 1928, Schönheitspreis

1. d2—d4 Sg8—f6
2. c2—c4 b7—b6
3. Sb1—c3 Lc8—b7
4. Lc1—g5

Der Kampf dreht sich unter normalen Umständen um das Feld e4; besser war es also, dieses Feld mit Dc2 unter Kontrolle zu nehmen.

4. ... e7—e6
5. Dd1—c2 h7—h6!
6. Lg5—h4 Lf8—e7
7. e2—e4

Jetzt dagegen sollte e3 geschehen, Weiß wird später für seine Mittelbauern Sorge tragen müssen.

7. ... 0—0!

Mit d6 oder c5 konnte Schwarz dem kommenden Zuge vorbeugen, sein Instinkt sagt ihm aber, daß in dem entstehenden offenen Kampfe seine besser entwickelten Leichtfiguren von Vorteil sein können.

8. e4—e5?

Ein zweischneidiger Zug. In Betracht kam f3, um die Stellung weiter auszubauen.

8. ... Sf6—d5!

Darauf war Weiß kaum gefaßt. Seine Antwort ist logisch, aber von nun an steht das Spiel auf des Messers Schneide.

9. Lh4—g3 Sd5—b4
10. Dc2—b3 d7—d5
11. e5:d6 i. V.

Auf a3 folgt natürlich dc4:! als Antwort.

11. ... Le7:d6
12. 0—0—0

Auf 12. a3 folgt S4c6, während nach 12. Ld6: Dd6:, 13. Sb5 De7, 14. Sc7: S8c6, 15. Sa8: Sd4: die entstehenden Verwicklungen zugunsten des Schwarzen ausfallen.

12. ... Sb8—c6
Es droht Sa5.
13. Lg3:d6 Dd8:d6
14. a2—a3

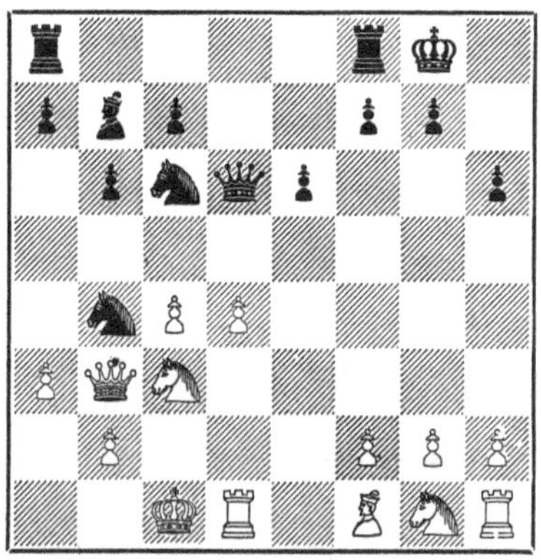

Nach 14. Sb5 Df4†, 15. De3. (Sonst a6.) De3:†, 16. fe3: Sa2:†, 17. Kb1 Scb4 ist die weiße Stellung etwas unbehaglich, und doch war das das kleinere Übel. Nun folgt eine unerwartete Antwort.

14. ... Sc6:d4!
15. Td1:d4

Bei Db4: c5!, 16. Da4 Lc6, 17. Da6 Df4†, 18. Kb1 Df2: hat Schwarz zwei Bauern und mächtigen Angriff für die Figur, auch ist die weiße Dame vom Kampfe ausgeschlossen.

15. ...	Dd6:d4
16. a3:b4	Dd4:f2
17. Db3—d1	

Es gibt kaum eine Rettung. Nach 17. Sh3 De3†, 18. Kb1 Le4†, 19. Ka2 a5!, 20. b5 a4! bricht die weiße Stellung unter starken Drohungen, wie Lc2, a3 zusammen, während in anderen Abspielen der schwarze Königsturm auf der d-Linie eindringt.

17. ...	Tf8—d8
18. Dd1—e2	Df2—f4†
19. Kc1—c2	a7—a5
20. b4:a5	

b5 schiebt das unvermeidliche Ende um einige Züge auf; es würde a4 nebst a3 folgen.

20. ...	Ta8:a5
21. Sg1—f3	Ta5—a1
22. Kc2—b3	b6—b5!
23. De2—e5	

Auf c5 oder cb5: entscheidet Ld5† 24. Sd5: Da4†, 25. Kc3 Td5: usw.

23. ...	b5:c4†
24. Kb3—b4	Df4—c1
25. Sc3—b5	c7—c5†!

Eine elegante Entscheidung! Weiß verzichtete auf den weiteren Kampf.

35. Damenbauer-Eröffnung

Das Treffen zweier Kampfhähne ergibt ein wechselvolles, scharfes Duell.

Colle — P. Johner
Karlsbad 1929, Schönheitspreis

1. d2—d4	d7—d5
2. e2—e3	Sg8—f6
3. Lf1—d3	c7—c5
4. c2—c3	Sb8—c6
5. f2—f4	Lc8—g4
6. Sg1—f3	Sf6—e4
7. Sb1—d2	f7—f5!

Schwarz hat das Entwicklungsproblem ausgezeichnet gelöst, seine Stellung ist bereits überlegen. Der große Unterschied ist aus der gegenseitigen Stellung der beiden Damenläufer genau abzulesen.

8. Dd1—a4	Se4:d2!
9. Lc1:d2	Lg4:f3!

Beide weißen Springer sind verschwunden, Schwarz braucht also um den schwachen Punkt e5 keine Sorge tragen.

10. g2:f3	e7—e6
11. 0—0—0	

Die lange Rochade bringt Gefahren mit sich; angezeigter war es daher, nach 0—0 auf der g-Linie zu experimentieren.

11. ...	c5—c4
12. Ld3—b1	Lf8—e7
13. e3—e4	0—0
14. Td1—g1	Ta8—b8
15. Da4—d1	b7—b5!

Der schwarze Angriff entfaltet sich rascher, denn die beweglichen schwarzen Bauern entblößen die gegnerische Königsstellung.

16. h2—h4	b5—b4
17. Dd1—e2	b4:c3
18. Ld2:c3	Le7—d6
19. e4:f5	

Chancenreicher als e5, denn hierauf hätte Schwarz nur die Verteidigung des Punktes g7 zu besorgen.

19. ...	e6:f5!

Das verführerische Lf4:† wäre nicht zu empfehlen, denn nach 20. Kd1 droht Weiß De6† usw.

20. De2—e6†	Kg8—h8

21. Lb1:f5	Ld6:f4†
22. Kc1—b1	Tf8—f6
23. De6—d7	Dd8—f8!
24. Lf5—e6	Lf4—e3

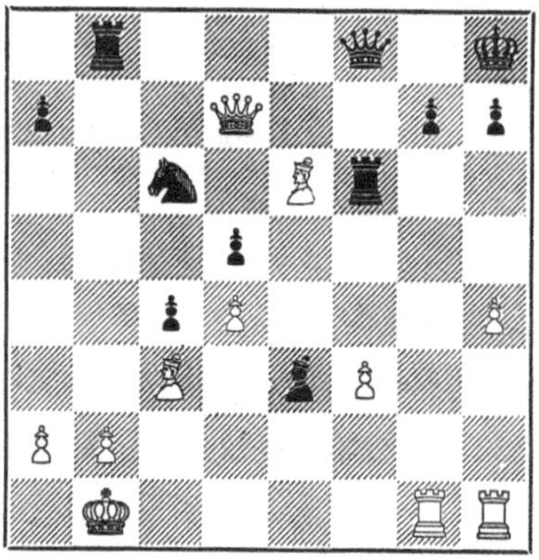

25. Tg1—d1

Auf 25. Ld5: wäre Td8!, auf 25. Dc6: Lg1: nebst Tb6 die Antwort.

25. ...	Df8—a3!
26. Kb1—a1	Sc6—b4!

Nützt die verborgenen Möglichkeiten der Stellung bestens aus.

27. Lc3:b4

Der rasche Tod ist dem Siechtum eines verlorenen Endspieles nach Dc8† Tc8:, 28. ba3: Sc2†, 29. Kb1 Te6:, 30. Kc2: Tf8, 31. Thf1 Tf4 vorzuziehen.

27. ...	Da3:b4
28. Th1—h2	Le3:d4
29. Td1—d2	Ld4:b2†!

Aufgegeben.

36. Spanische Partie

Eine wohlgelungene, selten schöne Partie. Inhalt: prächtiger Königsangriff, eine durchschlagende Kombination, mit Damenopfer verbunden, und klangvolles Finale.

Gunsberg — Schallopp

London 1886, Schönheitspreis.

1. e2—e4	e7—e5
2. Sg1—f3	Sb8—c6
3. Lf1—b5	Sg8—f6
4. d2—d3	Sc6—e7?!

Schwarz stellt eine durchsichtige Falle, aber in zweischneidigen Stellungen kann man derartiges Vorhaben öfters bereuen.

5. c2—c3

Es sollte Sc3 geschehen. Immerhin kommt nach neueren Forschungen sogar 5. Se5: c6, 6. Sc4 d5, 7. e5! in Betracht.

5. ...	c7—c6
6. Lb5—a4	Se7—g6
7. h2—h4	

Etwas allzu stürmisch. Vorsichtiger war sogleich 7. Lg5.

7. ...	h7—h5
8. Lc1—g5	Dd8—b6
9. Dd1—e2	d7—d5!?

Schwarz vertraut seinem Glück und spielt um jeden Preis auf Angriff. Nach d6 standen die Spiele gleich.

10. e4:d5	Lc8—g4
11. d5:c6	0—0—0
12. c6:b7†	Kc8—b8
13. 0—0	

In Betracht kam Lb3, gefolgt von Sbd2 und 0—0—0, aber Weiß kennt auch keine Furcht. In solchen Stellungen hängt alles davon ab, wer weiter rechnen kann oder das bessere Schachgefühl besitzt.

13. ...	Db6—a6
14. La4—c2	

Deckt zwar den Bauern, es wird aber sofort klar, daß Ld1 besser war. Auf Td3: würde dann 15. Lc2 folgen.

14. ...	e5—e4
15. Lg5:f6	e4:f3!
16. Lf6—e5†	

Nach 16. gf3: Lf3:, 17. Df3: gf6: triumphiert Schwarz binnen einigen Zügen auf der offenen g-Linie.

16. ... Sg6:e5
17. De2:e5† Lf8—d6
18. De5—e4 Th8—e8
19. De4—a4 f3:g2!!

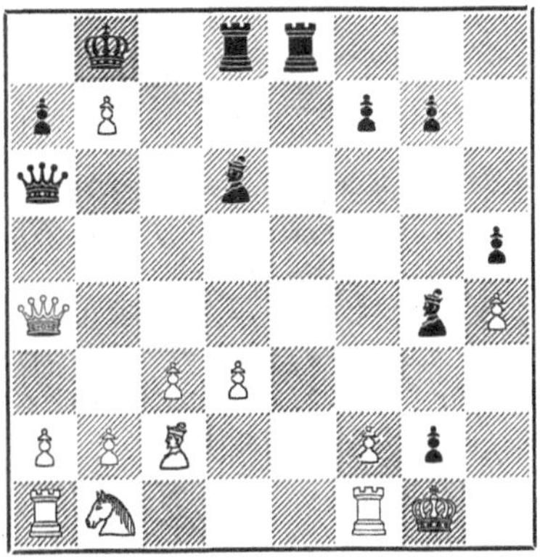

Die Hoffnung des Weißen war trügerisch: statt des erhofften Damentausches folgte ein Blitz aus heiterem Himmel.

20. Tf1—c1

Es gibt keinen besseren Zug. . Auf Kg2: Lf3†!, 21. Kg1 (Kf3: Db7:†.) Te4!, 22. de4: (Sonst sofort Matt.) Lh2†!, 23. Kh2: Df1:, 24. Kg3 entscheidet Dg2† 25. Kf4 Df2:†; und auf 20. Da6: wird Weiß nach gf1: D†, 21. Kf1: Lh3†, 22. Kg1 Te1 Matt.

20. ... Da6—b6
21. d3—d4

Es drohte Lh2†!, z. B. 23. Kh2: Df2:, 24. Tg1 Df4† und Matt in zwei Zügen, oder, falls 23. Kg2:, so Lh3†! usw.

21. ... Ld6—f4
22. Sb1—a3

Es gibt bereits keine Rettung.

22. ... Lg4—f3

Damit ist der Ring um den weißen König geschlossen.

23. Tc1—e1 Db6—f6!

Aufgegeben, auf 24. Te8: folgt Lh2† und Matt in zwei Zügen.

37. Königsgambit

Schwarz belebt eine alte Variante im Falkbeergambit und gewinnt in heißem Ringen.

Spielmann — Tarrasch
Mährisch-Ostrau 1923, III. Schönheitspreis.

1. e2—e4 e7—e5
2. f2—f4 d7—d5
3. e4:d5 e5—e4
4. d2—d3

Nach Sc3 Sf6, 5. De2, Le7 wiegt der Entwicklungsvorsprung den Bauern auf.

4. ... Sg8—f6
5. d3:e4 Sf6:e4
6. Sg1—f3 Lf8—c5
7. Dd1—e2

Bisher Alapins Rezept. Schwarz darf sich mit Lf2† 8. Kd1 Dd5:† nicht übereilen, denn nach 9. Sfd2 wird er eine Figur einbüßen.

7. ... Lc8—f5!

Eine Neuerung des deutschen Altmeisters; Weiß erobert eine Figur, aber daran ist kein Segen.

8. g2—g4

Nach Sc3 De7, 9. Se4: Le4: stünde Schwarz ausgezeichnet.

8. ... 0—0
9. g4:f5 Tf8—e8
10. Lf1—g2

Es drohte Sf2; auf 10. Se5 folgt Dh4†, während nach 10. Dg2 Dd5:, 11. Le2 Sc6, 12. Sc3, Df5: der Angriff lustig weiter schreitet.

10.	...	Se4—f2
11.	Sf3—e5	Sf2:h1
12.	Lg2:h1	Sb8—d7!

Auf sofortiges f6 entschlüpft Weiß vermittels 13. d6! cd6: (Sonst Dc4† und Dc5:.) 14. Ld5† Kf8, 15. Dh5.

13.	Sb1—c3	f7—f6
14.	Sc3—e4	

Bei Ld2 fe5:, 15. 0—0—0, ef4: 16. Dc4 Ld6 geht Weiß langsam, aber sicher zugrunde, während er jetzt versucht, das Spiel zu verwickeln.

14.	...	f6:e5
15.	Se4:c5	Sd7:c5
16.	f4:e5	

Das weiße Bauernzentrum ist nur scheinbar stark, es hält der Belastung nicht stand. Die weißen Streitkräfte sind durch die Verteidigung der luftigen Königsstellung in Anspruch genommen.

16. ... Dd8—h4†

17. Ke1—f1

Auf Kd1 folgt Dd4† nebst De5:.

17. ... Te8—f8!

Dh3† 18. Kg1 Df5: ist nicht so überzeugend wegen 19. e6. Nun geht der wichtigste Bauer verloren.

18. Kf1—g1

Es gibt keine Rettung. Auf 18. e6 folgt Tf5:† nebst Taf8, auf 18. f6 Tae8 und das Bauernzentrum wird in beiden Fällen zerschlagen.

18.	...	Dh4—d4†
19.	Lc1—e3	

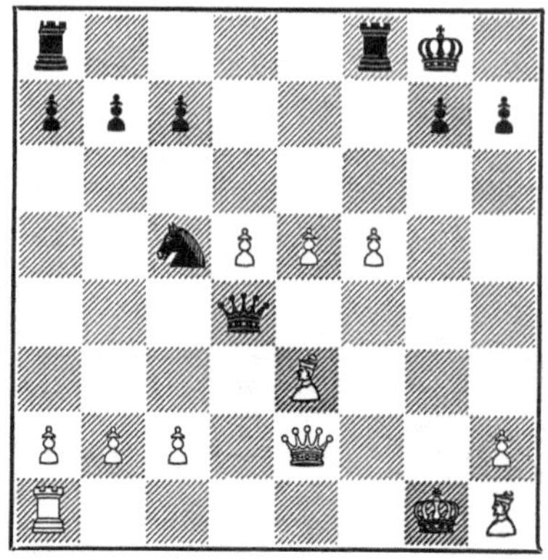

Falls 19. De3, so Dd1† usw.

19. ... Dd4:e5

Weiß könnte jetzt getrost die Waffen strecken, bei Qualitätsnachteil ist auch noch sein König gefährdet.

20.	Ta1—e1	Sc5—d7
21.	De2—c4	Kg8—h8
22.	Lh1—e4	Ta8—e8
23.	Le3—d4	De5—f4
24.	Te1—e2	Sd7—f6
24.	... Te4:?	Lg7:† usw.
25.	Ld4:f6	g7:f6!
26.	h2—h3	Tf8—g8†

Aufgegeben.

38. Königsgambit

Ein Kampf zweier Angriffspieler bis aufs Messer.

Spielmann — Bogoljubow

Karlsbad 1923, Schönheitspreis.

1.	e2—e4	e7—e5
2.	f2—f4	e5:f4
3.	Lf1—c4	Sg8—f6
4.	Sb1—c3	c7—c6!

Ein von Bogoljubow ausgegrabener alter Zug.

5. d2—d4

Sf3 geht nicht gut an, denn Schwarz antwortet b5 und will Weiß seinen Be4 nicht ohne Kompensation einbüßen, ist er zu dem seine Stellung verrammelnden Zug Ld3 gezwungen. Statt des Textzuges ist Df3 üblicher, Schwarz bekommt auch hierauf durch De7 6. Sge2 b5, 7. Ld3 b4, 8. Sa4 d5, 9. ed5: Sd5: das überlegene Spiel.

5. ...	Lf8—b4!
6. Dd1—f3	d7—d5!
7. e4:d5	0—0

Schwarz hat eine vorzügliche Stellung.

8. Sg1—e2	c6:d5
9. Lc4—d3	Lc8—g4!

Trifft den Nagel auf den Kopf! Gelingt es, die Rochade des Weißen zu verhindern, so naht die Entscheidung auf der offenen Linie.

10. Df3:f4	Lg4:e2
11. Ke1:e2	

Nach Le2: Te8 kommt Weiß sobald nicht zur Rochade.

11. ...	Sb8—c6
12. Lc1—e3	Tf8—e8
13. Th1—f1	Dd8—e7!

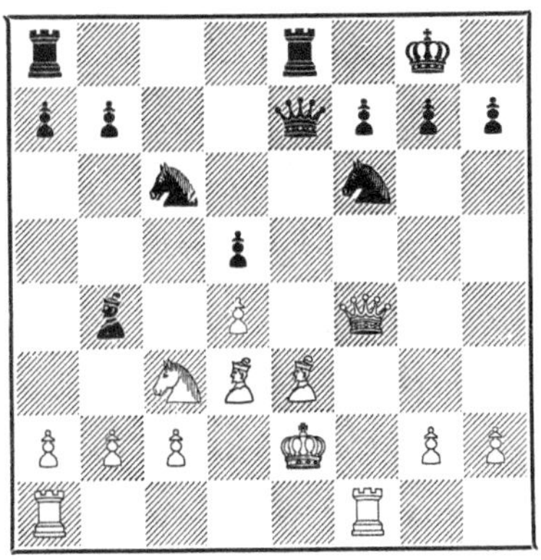

Droht 14. ... Sd4:, 15. Dd4: Lc5!

14. Tf1—f3!	Ta8—d8!

Die angedeutete Kombination scheitert nun nach Lc5 an dem Zwischenzuge Sd5:!

15. Ke2—f1	Td8—d6
16. Df4—h4	Lb4:c3!
17. Le3—g5!?	

Eine verzweifelte Gegenkombination; nach 18. bc3: Se4 hätte Weiß ein glatt verlorenes Endspiel.

17. ...	Lc3:d4!
18. Lg5:f6	De7:f6!
19. Dh4:h7†	Kg8—f8

Aufgegeben. Auf das beabsichtigte 20. Tf6: Tf6:†, 21. Lf5 gewinnt Th6!, auf andere Züge aber entscheidet die Mehrfigur in Bälde.

39. Altindisch

Weiß zögert mit der Rochade; sein Gegner nützt die dadurch gegebene Möglichkeit mit einigen prächtigen Zügen aus.

Grünfeld — Réti

Pistyan 1922, Schönheitspreis.

1. d2—d4	Sg8—f6
2. c2—c4	d7—d6
3. Sg1—f3	Lc8—f5
4. Sb1—c3	h7—h6

Sichert dem Läufer den Rückzug.

5. g2—g3	c7—c6
6. Lf1—g2	Dd8—c8
7. h2—h3	Sb8—d7
8. Sf3—d2	

Bereitet den Vorstoß e4 vor.

8. ...	e7—e5!
9. d4—d5	

Ein zweischneidiger Zug. Empfehlenswert war die ruhigere Fortsetzung e3. Schwarz meidet natürlich vorläufig das Schlagen auf d5.

9. ... Lf8—e7
10. e2—e4 Lf5—h7
11. Dd1—e2

Weiß forciert zu seinem Nachteil den Zentrumskampf. Besser war 0—0.

11. ... 0—0
12. Sd2—f1 c6:d5
13. c4:d5 Sd7—c5!

Der Punkt e4 neigt sichtlich zur Schwäche.

14. g3—g4 b7—b5!
15. Sf1—g3

Auch Grünfeld sah natürlich auf den ersten Blick, daß der Bauer nicht genommen werden darf, denn der Zentralbauer ginge verloren; er hat aber nicht erkannt, daß der geschehene Zug gleichzeitig zur Einleitung einer schönen Gewinnkombination diente.

15. ... b5—b4
16. Sc3—d1

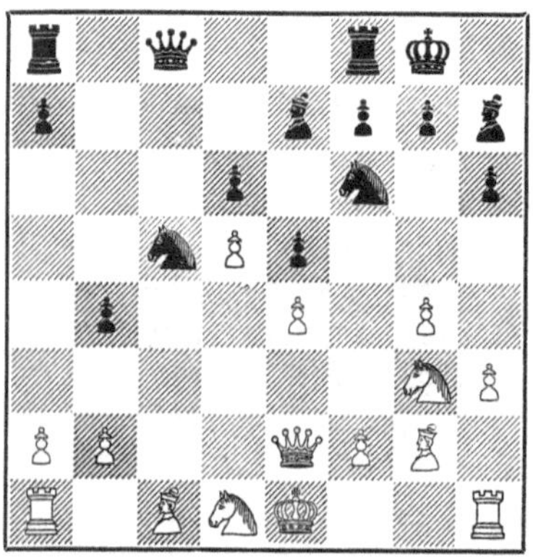

16. ... Sf6:d5!
17. e4:d5 Sc5—d3†
18. Ke1—d2

Kf1 Sc1: gewinnt die Figur zurück.

18. ... Sd3—f4
19. De2—f3 Dc8—c2†
20. Kd2—e1 Sf4—d3†
21. Ke1—f1 Sd3:c1

Damit ist das Schicksal der Partie entschieden, Schwarz hat die Figur bei vorzüglicher Stellung und mit einem Bauern mehr zurückgewonnen.

22. Sg3—f5 Le7—g5
23. Ta1:c1

Es drohte e4, wogegen auch Sd6: keine Verteidigung gewährt, auf Se3 aber entscheidet Ld3† oder Dd3† nebst Se2† usw.

23. ... Lg5:c1
24. Sd1—e3 Lc1:e3
25. f2:e3 Lh7:f5
26. g4:f5 Dc2:b2

Aufgegeben, die weiße Stellung ist trostlos.

40. Altindisch

Capablanca zeigt sich bei den folgenden Verwicklungen in voller Größe.

Corzo — Capablanca
Havanna 1913, Schönheitspreis.

1. d2—d4 Sg8—f6
2. c2—c4 d7—d6
3. Sb1—c3 Sb8—d7
4. e2—e4 e7—e5
5. f2—f4

Stark aussehend, in Wirklichkeit zweischneidig.

5. ... e5:d4
6. Dd1:d4 Sd7—c5
7. Lc1—e3 Dd8—e7!

Der beste Zug! Es scheint zwar im allgemeinen gefährlich, König und Dame auf dieselbe Linie zu stellen; Capablanca hat aber die Möglichkeiten genau abgewogen.

8. Sc3—d5

Auf e5 wäre Sg4 die Antwort.

8.	...	Sf6:d5
9.	e4:d5	Lc8—f5
10.	Sg1—f3	g7—g6!
11.	Ke1—f2	

Nach Dh8: De3:† folgt Se4 mit entscheidendem Angriff, und 0—0—0 ist wegen des drohenden Lg7 nicht angebracht.

11.	...	Th8—g8
12.	Ta1—e1	Lf8—g7
13.	Dd4—d1	Sc5—e4†
14.	Kf2—g1	Ke8—f8!

Nach 0—0—0 wäre 15. Da4 eine unangenehme Antwort.

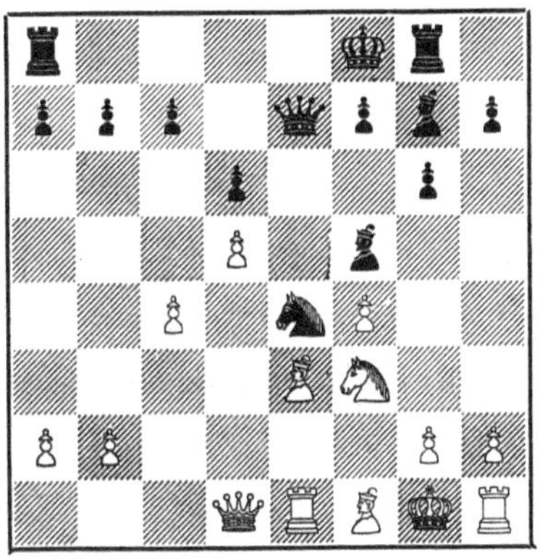

15.	Le3—d4	g6—g5!!

Capablanca bringt den Beweis, daß er auch im Kombinieren seinen Mann stellt.

16. Ld4:g7†

Auf jeden anderen Zug bleibt Schwarz infolge der mißlichen Stellung der weißen Offiziere in Vorteil, z. B. 16. Sg5: Sg5:!, 17. Te7: Ld4:† nebst Sh3 Matt, oder 16. fg5: Sg5:, 17. Lg7:† Tg7:, 18. Sg5: Dg5: usw.

16.	...	Tg8:g7
17.	Sf3—d4	Lf5—d7
18.	f4—f5	

Ld3 war auch nicht besser, es folgt f5! 19. Le4: fe4:, 20. f5 De5!, 21. Se6† Le6:, 22. fe6: c6! und bis der Th1 ins Spiel kommt, ist der Kampf bereits entschieden.

18.	...	De7—e5

Genau so gut war das einfache c5 19. dc6: i. V. bc6:, worauf Schwarz sowohl nach d5, als auch nach c5, Se6†, fe6:, Te4:, e5 in Vorteil bliebe. Eine seltene Gelegenheit, wo Capablanca sich für die schärfere Spielweise entschied.

19.	Dd1—d3	Ta8—e8
20.	Sd4—e6†	f7:e6
21.	f5:e6	Te8:e6!

Ein völlig korrektes Qualitätsopfer, der Be6 wird nicht lange zu halten sein; inzwischen rollt der schwarze Angriff munter weiter.

22.	d5:e6	Ld7—c6
23.	Dd3—f3†	De5—f4!
24.	Df3—e3	

Nach Df4:† gf4:, 25. h4 f3!, 26. Td1 f2†, 27. Kh2 Sg3, 28. Td2 Sh1:, 29. Kh1: Tg2:!! darf Weiß ruhig aufgeben.

24.	...	Kf8—e7
25.	b2—b4	b7—b6
26.	b4—b5	Lc6—b7
27.	g2—g3	Se4—d2!
28.	De3—c3	

Besser Lg2, worauf Schwarz nach De3:† 29. Te3: Sc4:, 30. Tc3 Lg2:, 31. Kg2: d5 nur im Endspiel gewinnen kann.

28.	...	Sd2—f3†
29.	Kg1—f2	Df3—f8!
30.	c4—c5	Sf3—e5†
31.	Kf2—g1	Se5—f3†
32.	Kg1—f2	b6:c5
33.	Dc3—a5	Sf3—e5†

34. Kf2—g1 Df8—f3
35. Da5:c7† Ke7—f6
36. Dc7:d6 Df3:h1†
37. Kg1—f2 Dh1:h2†
38. Kf2—e3 Dh2:g3†
39. Ke3—d2 Se5—f3†
Aufgegeben.

41. Italienische Partie

Der junge Tiroler bringt seinen in schwerem Stellungskampf errungenen Vorteil in vorzüglich geführtem Endspiel zur Geltung.

Eliskases Grünfeld
Mährisch-Ostrau 1933, II. Schönheitspreis.

1. e2—e4 e7—e5
2. Sg1—f3 Sb8—c6
3. Lf1—c4 Lf8—c5
4. c2—c3 Lc5—b6
5. d2—d4 Dd8—e7
6. 0—0 Sg8—f6

Das ist die richtige Antwort und nicht d6, wie es in der Mannheimer Partie zwischen Aljechin und Tarrasch vorkam

7. d4—d5

Eine Neuerung im Vergleich zu 7. Te1 der vorerwähnten Partie.

7. ... Sc6—b8
8. Lc4—d3 d7—d6
9. Sb1—d2!

Bedeutend besser als c4 und Sc3, worauf die schwarzen Felder schwach werden.

9. ... a7—a6
10. Sd2—c4 Lb6—a7
11. a2—a4 0—0
12. b2—b4 Sf6—e8
13. Dd1—c2 g7—g6
14. Lc1—h6 Se8—g7
15. Sc4—e3 f7—f6
16. Ta1—e1 Tf8—f7
17. Kg1—h1 Sb8—d7
18. g2—g4!

Greift nicht nur an, sondern verhindert auch f5.

18. ... Sd7—f8
19. Tf1—g1 La7:e3

Es drohte 20. Sf5! gf5:, 21. gf5: und Turmverdopplung auf der g-Linie, mit Rückgewinn der Figur bei vorzüglicher Stellung.

20. f2:e3 Lc8—d7
21. Tg1—g3 c7—c6

Schwarz will Luft haben, bevor die Flügelaktion des Gegners sich völlig entwickelt.

22. Ld3—c4 c6:d5
23. Lc4:d5 Ld7—e6
24. Te1—g1 Ta8—c8
25. Sf3—h4 Le6:d5
26. e4:d5 Tc8—c7

Auf f5 folgt 27. Sf5!, besser war es aber, mit Dc7 den Gegenangriff fortzusetzen. (27. Sf5 Se8!) Grünfeld hat die feine Antwort nicht in Betracht gezogen.

27. Sh4—f5!	g6:f5

Es gibt nichts besseres, Sf5: 28. gf5: g5, 29. h4! ist noch gefährlicher.

28. g4:f5	De7—e8
29. Dc2—g2	De8—d7
30. Tg3:g7†	Tf7:g7
31. Lh6:g7	Dd7:g7
32. Dg2—c2!	Sf8—g6
33. f5:g6	h7—h6

Der weiße Stellungsvorteil hat sich in einen gedeckten Freibauern umgewandelt. Der Gewinn steht außer Frage, bedarf aber noch genauer Arbeit.

34. Dc2—f5!	Dg7—f8
35. c3—c4!	Kg8—g7

Auf Tc4: folgt 36. De6† Kg7, 37. Dd7† usw.

36. Tg1—c1!	b7—b6

Sonst folgt a5 nebst De6 und c5, wobei der d-Bauer frei wird.

37. e3—e4	Df8—e7
38. Df5—f2!	Tc7—b7
39. h2—h4!	a6—a5

Wird der g-Bauer genommen, so gerät nach 40. Tg1† der schwarze König in ein Mattnetz, während nach 39. . . .h5, 40. Df5 Kh6, 41. Tg1 Tb8. (Dg7 42. Tg5!) 42. g7 Df7, 43. De6 entscheidet.

40. h4—h5	a5:b4
41. Tc1—b1	b4—b3
42. Tb1:b3	De7—d7
43. Df2—f5!	Dd7—e7

Der Ba4 ist wegen Tf3 tabu.

44. Df5—e6	De7—c7
45. De6—f7†!	Dc7:f7
46. g6:f7	Tb7—a7

Auf Kf7: folgt 47. a5 usw.

47. Tb3:b6	Ta7:a4
48. Tb6:d6	Ta4:c4
49. Td6:f6!	Kg7—f8
50. d5—d6!	Tc4:e4
51. d6—d7	Te4—d4
52. Tf6:h6	Kf8:f7
53. Th6—h8!	Aufgegeben,

der h-Bauer macht das Rennen.

42. Vierspringerspiel

Spielmann bezeichnet diese Partie als eine seiner bestgespielten.

Spielmann	Rubinstein
Karlsbad 1911,	Schönheitspreis.
1. e2—e4	e7—e5
2. Sg1—f3	Sb8—c6
3. Sb1—c3	Sg8—f6
4. Lf1—b5	Lf8—b4
5. 0—0	0—0
6. d2—d3	d7—d6
7. Lc1—g5	Lb4:c3

Auch das übliche Se7 kam in Frage.

8. b2:c3	Dd8—e7
9. Tf1—e1	Sc6—d8
10. d3—d4	Sd8—e6
11. Lg5—c1	c7—c6
12. Lb5—f1	

Diese Läuferrückzüge sind für die Metger-Variante charakteristisch.

12. . . .	Tf8—d8
13. g2—g3	De7—c7
14. Sf3—h4!	

Eine schlaue Antwort! Weiß könnte mit Lg2 den Vorstoß d5 verhindern, provoziert ihn aber durch seinen Textzug, denn der offene Kampf entspricht seinem Temperament und Partienstil eher.

14. . . .	d6—d5
15. f2—f4	

Dadurch bekommt Weiß das Feld e5 in seine Gewalt.

15. ... e5:f4

Bei der Alternative, Se4:, entscheidet das Vordringen der weißen Bauern nach 16. de5: Sc3:, 17. Df3 die Partie.

16. e4—e5 Sf6—e4
17. g3:f4 f7—f5

Nach Sc3: 18. Dd3 Se4, 19. f5 wird der weiße Angriff gefährlich.

18. e5:f6 i. V.

Sf5: Tf8!, 19. Sg3 Sf4:, 20. Se4: de4:, 21. Te4: Sh3†, 22. Lh3: Lh3: fördert den schwarzen Gegenangriff, wobei die weiße Königsstellung trotz Bauernvorteils gefährdet bleibt, während jetzt gegen die schwarze Stellung Linien geöffnet werden.

18. ... Se4:f6
19. f4—f5 Se6—f8
20. Dd1—f3 Dc7—f7

Nach Se4 21. Ld3! Sc3:, 22. Lg5 wird der weiße Angriff unwiderstehlich. Das volle Figurenspiel kompensiert auch weiterhin die Schwäche der weißen Bauern.

21. Lf1—d3 Lc8—d7
22. Lc1—f4 Td8—e8
23. Lf4—e5 c6—c5

Rubinstein führt die Verteidigung aktiv und das verleiht der Partie ihren hohen Wert.

24. Kg1—h1!

24. dc5: würde nach Lc6 25. Ld4 Se4 die Lage des Schwarzen erleichtern, während nun die Turmverdopplung in der g-Linie bald durchgeführt wird.

24. ... c5—c4
25. Ld3—e2 Ld7—c6
26. Df3—f4!

Es drohte Te5:!

26. ... Sf8—d7
27. Le2—f3

Spielmann bringt die Überlegenheit der beiden Läufer gegenüber dem Springerpaare vorbildlich zur Geltung.

27. ... Te8—e7
28. Te1—e2 Ta8—f8
29. Ta1—g1 Df7—e8
30. Te2—g2 Tf8—f7

30. ... Se5:, 31. de5: Te5: hat 32. Tg7:† zur Folge, während nach 30. ... Kh8, 31. Sg6†! hg6:, 32. fg6: Schwarz gegen die Umgruppierung Dh4 nebst Tg3 und Th3 wehrlos dasteht.

31. Df4—h6 Kg8—f8

Df8 verbietet sich natürlich wegen 32. Ld6 usw.

32. Sh4—g6†! h7:g6
33. Dh6—h8† Sf6—g8
34. Le5—d6! De8—d8

Gegen den folgenden Zug gibt es keine Rettung.

35. Tg2:g6 Sd7—f6
36. Tg6:f6! Tf7:f6
37. Tg1:g7!

Aufgegeben. Spielmann hat bereits in dem ersten Karlsbader Turnier 1907 einen ähnlichen Sieg gegen den gefürchteten Gegner verzeichnen können: vgl. die Partie Nr. 64.

43. Vierspringerspiel

Die Partie bietet stillen, positionellen Kampf, bis Schwarz durch einen originellen Durchbruch in der Mitte die Entscheidung herbeiführt.

Engel — Kostitsch

Trentschin-Teplitz 1928, Spezialpreis.

1.	e2—e4	e7—e5
2.	Sg1—f3	Sg8—f6
3.	Sb1—c3	Sb8—c6
4.	d2—d4	e5:d4
5.	Sf3:d4	Lf8—c5

Gebräuchlicher ist Lb4, doch ist dabei die Remisgefahr groß. Kostitsch sucht neue Wege.

6.	Sd4:c6	b7:c6
7.	Lf1—d3	d7—d6
8.	0—0	0—0

h6 kam in Betracht, um die Fesselung zu vermeiden.

9.	Lc1—g5	Dd8—e7
10.	Kg1—h1	De7—e5
11.	f2—f4	De5—d4
12.	Lg5—h4	

Lf6: war einfacher, Weiß gibt aber den Läufer ungern her und will auch das Risiko nach 12. Se2 Db2:, 13. Tb1 Da2:, 14. Lf6: gf6:, 15. f5 Kh8 nicht auf sich nehmen, denn Schwarz hat Gegenchancen.

12.	...	Sf6—g4
13.	Dd1—f3	Dd4—e3
14.	h2—h3	De3:f3
15.	Tf1:f3	Sg4—f6
16.	Lh4:f6	g7:f6

Bisher war die Partie ziemlich bewegt. Die schwarze Bauernstellung ist in vier Teile zerrissen, weist doppelte und vereinzelte Bauern auf, als Gegengewicht kommen aber die Türme und das Läuferpaar auf den offenen Linien zur Geltung.

17.	Sc3—a4	Lc5—b6
18.	c2—c4	

Der lästige Läufer sollte beseitigt werden, darauf bleiben aber die schwarzen Felder im weißen Lager schwach.

18.	...	Lb6—d4
19.	Ta1—c1	c6—c5
20.	Sa4—c3	c7—c6
21.	Tc1—c2	Ta8—b8
22.	b2—b3	a7—a5
23.	Sc3—e2	

Auf andere Züge folgt Lc3: und Schwarz dringt nach a4 in die weiße Stellung ein.

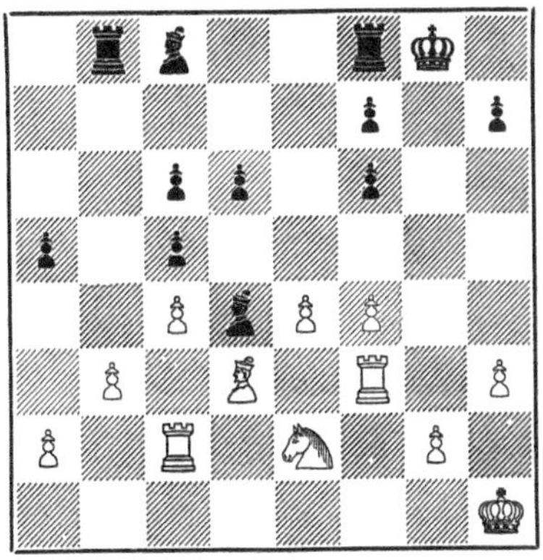

23.	...	a5—a4!
24.	b3:a4	

Verhältnismäßig am besten. Kostitsch führt auf 24. Sd4: einen schönen Gewinn aus: cd4: 25. c5 (Nach ba4: c5 und Ta8 ist der Gewinn eine Leichtigkeit.) ab3:, 26. ab3: Tb3:, 27. cd6: Lb7!, 28. Tc4 Td8!, 29. e5 c5! und nun gewinnt nach 30. Lh7:† Kh7:, 31. Tb3: Ld5, und nach 30. Tg3† Kf8, 31. Tc5: La6.

24.	...	Ld4—b2
25.	Tc2—d2	Lc8—e6
26.	Se2—g3	Lb2—d4
27.	f4—f5	

Weiß möchte seinen Läufer nach b3 bringen, um die offene Turmlinie zu sperren, der Plan ist aber nur um den Preis der Schwächung der Mitte durchzuführen.

27. ... Le6—c8
28. Ld3—c2 Ld4—e5

Beugt jeder mit Td4: und Sh5 beginnenden Überraschung vor, außerdem beherrscht der Läufer von seinem neuen Standorte aus alles und ist gar nicht zu vertreiben.

29. Lc2—b3 Lc8—a6
30. Sg3—f1 Tf8—d8
31. Td2—d1 Kg8—f8
32. Sf1—d2 Kf8—e7
33. Sd2—f1 d6—d5!
34. Tf3—d3

Es gibt bereits keine Rettung. Der Bauer kann schlecht geschlagen werden, denn auf cd5: folgt Le2, und auf 34. ed5: cd5:, 35. Td5: Td5:, 36. cd5: entscheidet c4! und Einbruch auf der b-Linie, während nach 34. Se3 dc4: und Einbruch auf der d-Linie folgen würde.

34. ... d5:c4
35. Td3:d8 Tb8:d8
36. Td1:d8 c4:b3!
Aufgegeben.

44. Damenindische Verteidigung

Aljechin, der größte Taktiker seiner Zeit, beweist, daß er auch in der Strategie zur Extraklasse gehört.

Rubinstein Aljechin
Dresden 1926, II. Schönheitspreis.

1. d2—d4 Sg8—f6
2. Sg1—f3 e7—e6
3. Lc1—f4 b7—b6
4. h2—h3

Dieser Zug bestimmt Aljechins weitere Pläne: er bereitet zwar den Rückzug des Läufers nach h2 vor, schwächt aber die Bauernstellung.

4. ... Lc8—b7
5. Sb1—d2 Lf8—d6!
6. Lf4:d6

Ein besserer Zug ist nicht ersichtlich. Nach e3 folgt Läufertausch und das umstrittene Feld e4 bliebe vorläufig in der Gewalt des Schwarzen.

6. ... c7:d6
7. e2—e3 0—0
8. Lf1—e2

Etwas besser scheint Ld3 zu sein.

8. ... d6—d5

Auf sofortiges Sc6 könnte e4 folgen. Schwarz verhindert diesen Zug, obzwar sein Läufer für lange Zeit zur Untätigkeit verdammt bleibt.

9. 0—0 Sb8—c6
10. c2—c3

Se5 war nicht gut möglich, denn der Eindringling wird nach Se7 und d6 vertrieben.

10. ... Sf6—e4
11. Sd2:e4

Weiß steht gedrückt und es ist fraglich, ob er statt des geschehenen Zuges etwas unternehmen konnte. Während des langsamen Aufmarsches Ld3, De2, Tac1 usw. bliebe sein Gegner gewiß nicht untätig.

11. ... d5:e4
12. Sf3—d2 f7—f5!

Schwarz steht ausgezeichnet und droht u. a. Dg5, Se7 und f4, Weiß hat also keine bessere Antwort als

13. f2—f4

darauf setzt aber der unmittelbare Angriff ein:

13. ... g7—g5!
14. Sd2—c4 d7—d5!
15. Sc4—e5 Sc6:e5
16. d4:e5

fe5: würde nach einigen vorbereitenden Zügen den Durchbruch f4 beschleunigen.

16. ... Kg8—h8
17. a2—a4

Zur Fortsetzung dieses verzweifelten Gegenangriffes bietet sich keine Gelegenheit mehr. Etwas besser war es, sich mittels g3, Tg8, 18. Kh2 auf Verteidigung einzurichten, obwohl Schwarz nach De7 auch den Damenturm ins Gefecht führen und die weitere Partienführung bestimmen würde.

17. ... Tf8—g8
18. Dd1—d2 g5:f4
19. Tf1:f4

Auf ef4: folgt Dh4 mit der Doppeldrohung Dh3: oder Tg2:†!, und wenn auch sich Weiß dagegen irgendwie verteidigt, wird Tg3 nebst Tag8 entscheiden.

19. ... Dd8—g5
20. Le2—f1 Dg5—g3!
21. Kg1—h1

Es drohte Dh3:.

21. ... Dg3—g7
22. Dd2—d4 Lb7—a6!
23. Tf4—f2 Dg5—g3!

Nun wird die Feinheit des 20. Zuges sichtbar: Schwarz hat infolge des ungedeckten Turmes ein wichtiges Tempo gewonnen.

Subtile Feinheiten kennzeichnen den großen Meister!

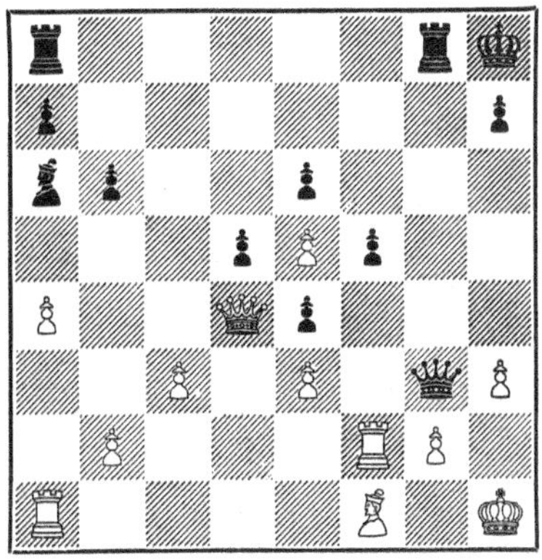

24. Tf2—c2 La6:f1
25. Ta1:f1 Ta8—c8!
26. b2—b3

Es drohte Tc4, Weiß hat längst nur Zwangszüge.

26. ... Tc8—c7
27. Tc2—e2 Tc7—g7
28. Tf1—f4 Tg7—c7
29. Te2—c2 Tc7—g7
30. Tc2—e2 Tg7—g6!
31. Dd4—b4

Auch auf Dd1 folgt Th6 und dem Weißen geht der Atem aus: auf Turmzüge geht ein Bauer verloren, verläßt die Dame die 1. Reihe, entscheidet Th3:†, auf Kg1 natürlich Dh3: und auf c4 endlich der Vorstoß d4. Andere Bauernzüge ändern an der Zugzwangsstruktur der Lage nichts.

31. ... Tg6—h6
32. h3—h4 Dg3—g7!

Schwarz geht nicht auf den Leim: nach Th4:† 33. Th4: Dh4:†, 34. Kg1 wäre der Sieg noch in nebelhafter Ferne.

33. c3—c4

Es gibt keine Rettung.

33. ... Th6—g6

Auf andere vernünftige Züge wäre ebenfalls diese Antwort gekommen.

34. Db4—d2 Tg6—g3!

Es droht Th3†! Versucht sich Weiß dagegen mit 35. Kg1 zu verteidigen, so folgt d4! 36. ed4: e3!, 37. Dc2 Th3! und Weiß ist gegen Dg3 wehrlos.

35. Dd2—e1 Tg3:g2
Aufgegeben.

45. Spanische Partie

Ein instruktiver Stellungskampf.

Mason Janowski
Monte Carlo 1902, Schönheitspreis.

1. e2—e4 e7—e5
2. Sg1—f3 Sb8—c6
3. Lf1—b5 a7—a6
4. Lb5—a4 Sg8—f6
5. 0—0 Lf8—e7
6. Sb1—c3

Führt meistens zu geschlossenem Spiel. Die schwarze Stellung bleibt dabei etwas gedrückt, eine Gefahr ist aber nicht vorhanden.

6. ... d7—d6

Dieser Zug wäre nach erfolgtem b5 zweckmäßiger.

7. La4:c6† b7:c6
8. d2—d4 e5:d4
9. Sf3:d4 Lc8—d7
10. b2—b3!

Zeugt von gesundem Schachgefühl. Dem Läufer winkt auf der großen Schräge eine schöne Zukunft.

10. ... Dd8—b8

Schwarz faßt einen kühnen Plan: er will nach der langen Seite rochieren. 0—0 war trotz des dorthin zielenden weißen Lb2 besser.

11. Lc1—b2 Db8—b7
12. Tf1—e1 0—0—0
13. Dd1—d3

Weiß besitzt mehr Raum und ist auch in der Entwicklung voraus, Schwarz pocht dagegen auf sein Läuferpaar.

13. ... Th8—e8

Wie aus der Antwort ersichtlich, kein glücklicher Einfall. In Betracht kam sofort c5 und nachher Lc6.

14. b3—b4! Le7—f8

Der Bauer war natürlich nicht zu nehmen, nach Db4: 15. Da6:† Db7, 16. Dd3 Db2:, 17. Tab1 Da3, 18. Tb3 Da7, 19. Teb1 Le6, 20. Sc6: würde Weiß sofort gewinnen und bliebe auch bei anderen Fortsetzungen im Vorteil.

15. Ta1—b1 d6—d5

Db4: wäre jetzt natürlich mit noch größeren Gefahren verbunden.

16. e4—e5 Sf6—g4
17. Sd4—f3 g7—g6
18. h2—h3 Ld7—f5
19. Dd3—d2 Sg4—h6
20. a2—a3 Sh6—g8
21. Sf3—d4 Lf5—e6
22. Sc3—a4 Sg8—h6
23. Dd2—c3 Sh6—f5

Schwarz verteidigt seinen Schwächling nicht, denn nach Kd7 24. Sb3! ginge er sowieso verloren.

24. Sd4:c6 Td8—d7
25. Sc6—d4 Sf5:d4

Sonst verstärkt Weiß seine Stellung durch Sb3 und Sa5 noch mehr.

26. Dc3:d4 Le6—f5
27. Tb1—c1 Db7—c6
28. Sa4—c3 h7—h5

Schwarz versucht einen Gegenangriff, da passive Verteidigung zum Ruin führen würde, die weiße Stellung ist aber bereits übermächtig.

29.	Sc3—e2	Lf8—h6
30.	f2—f4	Lh6—f8
31.	Dd4—d2	Lf5—e6
32.	Se2—d4	Dc6—b6
33.	Tc1—b1	Le6—f5
34.	Lb2—c3!	

Jetzt wird die Idee der letzten Züge klar. Der a-Bauer soll laufen und den Gegner weiter einengen.

34.	...	Lf5—e4
35.	a3—a4	c7—c6
36.	a4—a5	Db6—a7
37.	Tb1—b2	Td7—b7
38.	Te1—b1	Ke8—d7
39.	Kg1—h1	Te8—b8
40.	Dd2—e1	Lf8—e7

Schwarz hat alle Drohungen pariert, Weiß muß einen neuen Plan entwerfen.

41.	Sd4—b3	Tb7—b5
42.	Lc3—d4	Da7—b7

43.	Ld4—c5!	Le7:c5!
44.	b4:c5!	

Nach Sc5:† Tc5:, 45. bc5: Db2:, 46. Tb2: Tb2: hat Schwarz noch immer Gegenspiel.

44.	...	Tb5—b4
45.	De1—h4	

Nachdem der schwarzfeldrige Läufer verschwunden ist, nimmt die weiße Dame an Wendigkeit zu.

45.	...	Kd7—c8
46.	Dh4—f6	Db7—d7
47.	Kh1—h2	

Es drohte Dh3:† und Matt im nächsten Zuge. Der Frankopole hat sich nach Kräften gewehrt.

47.	...	Dd7—e6
48.	Df6—h8†	

Damit bereitet der englische Vorkämpfer vermittels einer versteckten Kombination den Generalabtausch vor.

48.	...	Kc8—d7
49.	Sb3—d4!!	Tb4:b2

Die schwarze Dame ist nicht zu retten, auch nach Th8: 50. Tb4:! ist der Kampf zugunsten des Weißen entschieden.

50. Dh8:b8!

Gott behüte nicht Se6:?, Th8:!

50.	...	Tb2:b8
51.	Tb1:b8	Kd7—c7
52.	Sd4:e6†	Kc7:b8
53.	Se6—d4	Kb8—c7

Schwarz ist infolge des schutzbedürftigen Bauern und ohnmächtigen Läufers glatt verloren.

54.	g2—g4	h5—h4
55.	c2—c3	Kc7—d7
56.	Kh2—g1	Kd7—c7
57.	Kg1—f2	Kc7—d7
58.	f4—f5	g6:f5
59.	g4:f5	Kd7—c7
60.	Kf2—e3	Le4—g2
61.	Sd4—f3	Lg2:h3
62.	Sf3:h4	Lh3—g4
63.	Ke3—f4	Lg4—e2
64.	Sh4—f3	Le2:f3
65.	Kf4:f3	Aufgegeben.

46. Französische Verteidigung

Ein interessanter, abwechslungsvoller Stellungskampf, gewürzt mit einigen nicht alltäglichen Zügen im Endspiel.

Duras	Spielmann

Pistyan 1912, I. Schönheitspreis.

1. e2—e4	e7—e6
2. d2—d4	d7—d5
3. Sb1—c3	Sg8—f6
4. e4—e5	Sf6—d7
5. Sc3—e2	c7—c5
6. f2—f4	Sb8—c6

Besser sofort cd4:.

7. c2—c3	Dd8—b6

Lasker hat hier b5! empfohlen, der Damenzug verhindert die Entwicklung der schwarzen Leichtfiguren am Damenflügel.

8. Sg1—f3	Lf8—e7
9. g2—g3	f7—f6

Es sollte entweder sofort f5 geschehen und nachher eventuell 0—0, um den König in Sicherheit zu bringen, oder cd4:, um die Schwebestellung in der Mitte zu klären und zu entlasten.

10. Lf1—h3!	f6—f5
11. 0—0	0—0

Schwarz befindet sich wegen des unentwickelten Damenflügels bereits in Nöten. In Betracht kam h5, oder Sf8, doch stünde Weiß auch in diesem Falle besser.

12. g3—g4	g7—g6
13. g4:f5	g6:f5

Nach ef5: steht Weiß mit seinem gedeckten Freibauern im Zentrum beherrschend.

14. Kg1—h1	Kg8—h8
15. Tf1—g1	Tf8—f7

Natürlich kam auch Tg8 in Betracht, Weiß diktiert auch in diesem Falle nach 16. Tg8:† Kg8:, 17. Dg1† Kh8, 18. Dg3 und 19. Sh4 das Tempo.

16. Sf3—g5	Le7:g5
17. Tg1:g5	c5:d4
18. Dd1—g1	Sc6—e7
19. Se2:d4	

Besser war cd4:, denn Schwarz erholt sich nun ein wenig.

19. ...	Sd7—f8

Sc5 und Se4 war vorgeschrieben! Die feste Springerstellung würde den Angriff, der nun lustig weitergeht, abschwächen.

20. Lh3—f1	

Tarrasch hat s. Z. die Fortsetzung Dg2, Le3, Tg1 in Vorschlag gebracht, Weiß erreicht aber sein Ziel auch auf Umwegen.

20. ...	Lc8—d7
21. Lf1—e2	Sf8—g6
22. Dg1—g3	Ta8—g8
23. b2—b3	Se7—c6
24. Lc1—e3	Sc6:d4
25. Le3:d4	Db6—a5
26. a2—a4!	

Verhindert Lb5 und droht nach 27. b4 mit La7:.

26. ...	a7—a6
27. Ta1—g1	Da5—d8
28. h2—h4	Dd8—f8
29. h4—h5	Df8—h6
30. Le2—f3!	

In guten Stellungen ist Vorsicht geboten! Tg2 Tfg7, 31. Kg1 Sf4!: wäre eine unangenehme Überraschung.

30. ...	Tf7—g7

Es drohte 31. Ld5: ed5:, 32. e6†.

31. Dg3—h2	Sg6—e7

Sf4: ist wegen 32. Tg7: Tg7:, 33. Tg7: Kg7:, 34. Le3 nicht spielbar.

32. Ld4—c5 Sc7—c6
33. Dh2—h4

Es droht nun Lf8, was sofort an Tg5: scheiterte.

33. ... Tg7—g6
34. Tg1—g2 Ld7—e8
35. b3—b4 b7—b5

Sonst erfolgt nach Vertreibung des Springers Le7 und Lf6.

36. a4:b5 a6:b5
37. Kh1—h2 Tg6:g5

Sonst folgt Kh3 mit Angriff auf den Turm.

38. f4:g5 Dh6—g7
39. Dh4—f4 Sc6:e5?

Schwarz ist verloren, dieser Bauernraub beschleunigt aber das Ende.

40. Lc5—d4 Se5:f3†
41. Df4:f3 e6—e5
42. h5—h6 Dg7—e7

Auf Dc7 folgt die Kreuzfesselung 43. Df4!

43. Tg2—e2 Tg8:g5
44. Te2:e5 De7—d6
45. Df3—g3! Dd6:h6†
46. Dg3—h3 Dh6—d6
47. Kh2—h1

Es ist erreicht!

47. ... Kh8—g8
48. Te5:e8† Kg8—f7
49. Te8—h8 Aufgegeben.

47. Vierspringerspiel

Eine für den großen Meister charakteristische Partie: vorbildlicher Stellungskampf.

Wolf — Rubinstein
Teplitz-Schönau 1922, VI. Schönheitspreis.

1. e2—e4 e7—e5
2. Sg1—f3 Sb8—c6
3. Sb1—c3 Sg8—f6
4. Lf1—b5 Lf8—b4
5. 0—0 0—0
6. d2—d3 d7—d6
7. Lc1—g5 Lb4:c3
8. b2:c3 Dd8—e7
9. Tf1—e1 Sc6—d8
10. d3—d4 Lc8—g4

Über Se6 11. Lc1 c6, 12. Lf1 Td8 vgl. die 42. Partie!

11. h2—h3 Lg4—h5!

Schwarz tauscht nicht, denn er verlöre an Raum.

12. g2—g4 Lh5—g6
13. Sf3—h4

Vorzuziehen wäre die Abriegelung der Mitte durch 13. d5.

13. ... h7—h6
14. Sh4:g6

In der Partie Drewitt-Rubinstein, Hastings 1922, folgte hier 14. Lc4 Se6, 15. Sg6: fg6: und Weiß kam durch 16. f4 in Vorteil. Nun fährt Schwarz besser.

14. ... f7:g6
15. Lb5—c4† Kg8—h7
16. Lg5—h4 g6—g5!
17. Lh4—g3 Sd8—f7

Der Springer trachtet über h8—g6 nach f4.

18. Dd1—f3 Ta8—e8
19. Df3—e3 b7—b6
20. Lc4—b5 Te8—d8
21. a2—a4

Weiß wittert die Gefahr und will ihr durch einen Flankenangriff zuvorkommen, es wird aber zu spät.

21. ... Sf7—h8
22. a4—a5 Sh8—g6
23. f2—f3 Sg6—f4
24. Lb5—f1

Kh2 verspricht nichts Gutes, Schwarz antwortet darauf mit Vordringen seines h-Bauern.

24. ... Kh7—h8
25. Lg3:f4 g5:f4
26. De3—f2 g7—g5
27. d4—d5 h6—h5

Schwarz braucht zur Entscheidung Linien!

28. Lf1—g2 Kh8—g7
29. Df2—e2 Tf8—h8
30. Kg1—f2 Td8—a8!
31. Te1—b1 Sf6—d7
32. De2—b5 h5:g4
33. h3:g4 Sd7—c5
34. Tb1—h1 Th8—h4!
35. Th1:h4

Sonst folgt Tah8. Die Sperre auf der h-Linie bedeutet keinen Nachteil für Schwarz, denn er bekommt freie Hand am Damenflügel, und die Überwachung des freien h-Bauern nimmt stets eine weiße Figur in Anspruch.

35. ... g5:h4
36. Lg2—h3

Es drohte bereits h3, denn der Bauer wäre wegen Dh4† usw. nicht zu nehmen.

36. ... b6:a5
37. Db5:a5

Ta5: ist auch nicht besser, es könnte Dd8 nebst Tb8 folgen.

37. ... De7—d8
38. Ta1—b1 Ta8—b8
39. Tb1—b4

Nach Turmtausch gewinnt Schwarz vermöge seiner beiden Freibauern.

39. ... a7—a6
40. Kf2—e2 Tb8—b6
41. Da5—a1 Kg7—g6
42. Ke2—d2 Kg6—g5
43. Tb4—b1 Dd8—b8
44. Tb1—h1 a6—a5!
45. Lh3—g2

Der Bauer war vergiftet, denn nach 45. Da5:? dringt Schwarz durch Tb2 in die weiße Stellung ein. Es droht bereits Sb3† mit Damengewinn und auf 46. Da3 Sb3†, 47. Ke2 Db5† (Das würde auch nach Kd3 folgen.) 48. Kf2 Tc2:† entscheidet der Mattangriff.

45. ... a5—a4
46. Da1—e1 Db8—h8
47. De1—c1 Tb6—a6
48. Lg2—f1 Ta6—a8

Filigranarbeit des großen Strategen! Er rüstet sich vorerst für alle Möglichkeiten. Die Dame kann womöglich in der b-Linie wertvoll werden und in diesem Falle soll der Turm eventuell auf h8 Verwendung finden.

49. Lf1—c4 a4—a3

Die Partie nimmt nun eine andere Wendung, der Bauer wird neuerdings zum Opfer angeboten und die Dame dringt auf der h-Linie ein. Nachträglich scheint das alles einfach zu sein. Wollte Weiß diesen Plan im vorigen Zuge durch 49. Da3 vereiteln, so folgte Db8 50. Dc1 Db6 mit der Drohung Se4: De3† und De4:.

50. Lc4—a2

Nun hütet jede weiße Figur je ein schwarzes Bäuerlein!

50. . . .	Dh8—h7
51. Th1—h3	Sc5—d7
52. Dc1—f1	Dh7—h8
53. Th3—h1	Sd7—c5
54. Df1—c1	Ta8—b8!

Die vorletzte Feinheit! Es droht Tb2.

55. Dc1:a3	Tb8—a8!
56. Da3—b2	h4—h3!
57. La2—c4	Dh8—h4
58. Lc4—e2	Dh4—f2!

Die letzte! Die beiden Freibauern haben ihr Leben eingebüßt, aber das Schicksal des weißen Königs ist gleichfalls entschieden.

59. Th1:h3	Df2—e3†
60. Kd2—e1	Sc5—a4!

Aufgegeben. Eine große strategische Leistung.

48. Slawisches Damengambit

Kampf zweier Titanen auf Leben und Tod.

Capablanca — Lasker

New-York 1924, III. Schönheitspreis.

1. d2—d4	Sg8—f6
2. c2—c4	c7—c6
3. Sb1—c3	d7—d5
4. c4:d5	

Diese Marshallsche Fortsetzung ist nicht so harmlos, wie sie dünkt.

4. . . .	c6:d5
5. Sg1—f3	Sb8—c6
6. Lc1—f4	e7—e6

Verstellt den schwarzen Damenläufer. In Betracht kam Lf5 7. Db3 Sa5, 8. Db5† Ld7, 9. Dd3 Db6 mit gutem Spiel für Schwarz.

7. e2—e3	Lf8—e7

Am besten. Lb4 führt zu nichts und Ld6 wird mit Lg5 beantwortet.

8. Lf1—d3	0—0
9. 0—0	Sf6—h5
10. Lf4—e5	f7—f5

Laut Aljechin sollte f6 geschehen und Schwarz hat nach 11. Lg3 f5 ein Tempo gewonnen. Weiß kann aber mit 11. Sg5 überraschen, denn nach De8 gewinnt er mit 12. Sb5!

11. Ta1—c1	Sh5—f6
12. Le5:f6	

Sonst folgt Se4. Schwarz hat gut gespielt und steht durchaus nicht schlechter.

12. . . .	g7:f6!

Besser als Lf6: oder Tf6:, denn das Feld e5 wird kontrolliert. Schwarz dürfte auch in der g-Linie Chancen bekommen.

13. Sf3—h4

Mit der Drohung g4.

13.	...	Kg8—h8
14.	f2—f4	Tf8—g8
15.	Tf1—f3	Lc8—d7
16.	Tf3—h3	Ld7—e8

Schwarz steht gegen alle Versuche gewappnet. Der Textzug ist gegen Dh5 gerichtet.

17.	a2—a3	Tg8—g7!
18.	Th3—g3	

Will Weiß seinen Angriff verstärken, muß der gut stehende schwarze Turm getauscht werden.

18.	...	Tg7:g3
19.	h2:g3	Ta8—c8
20.	Kg1—f2	

Auftakt zum zweiten Aufzug.

20.	...	Sc6—a5
21.	Dd1—f3	

g4 führt zu nichts, der weiße Angriff wird nach fg4: 22. Dg4: f5, 23. Sf5: ef5:, 24. Lf5: (Df5: Lg6.) Tc6 zum Stocken gebracht. Besser war aber sofort De2.

21.	...	Sa5—c4
22.	Df3—e2	Sc4—d6
23.	Tc1—h1	Sd6—e4†

Schwarz übereilt sich. Der Zug drängte nicht, ein Wartezug, Lf7 oder Tc7, war geeignet, 24. g4 hervorzurufen, worauf der weißen Dame das Feld g4 versperrt blieb.

24.	Ld3:e4	f5:e4
25.	De2—g4	

Capablanca war stets Meister im raschen Wahrnehmen und Ergreifen der Chancen.

25.	...	f6—f5

Auf andere Züge war 26. f5! eine starke Erwiderung.

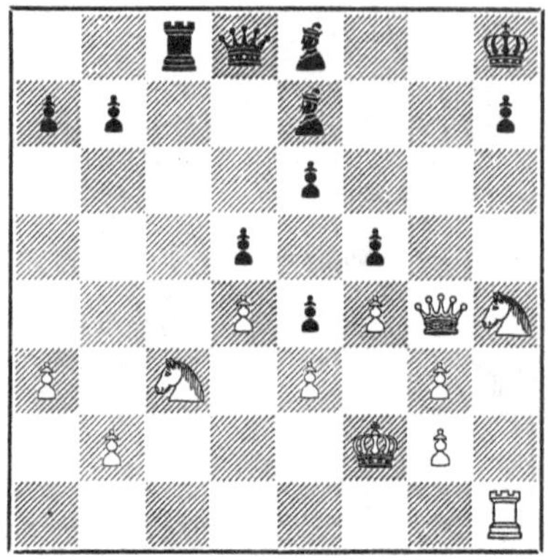

26. Sh4:f5!

Ein ausgezeichneter Zug, aber auch der einzige! Auf jede andere Fortsetzung bliebe Schwarz in Vorteil, während Weiß nun genügend Material und Angriff für den Springer erlangt.

26.	...	e6:f5
27.	Dg4:f5	h7—h5
28.	g3—g4	Tc8—c6
29.	g4—g5!	

Der Weltmeister wählt die einfachere Fortsetzung. Sd5:! war energischer aber gefährlicher. Mit Rücksicht auf den hohen Einsatz wollte Capablanca keine Verwicklungen anstreben.

29.	...	Kh8—g8

Angezeigter war es, den d-Bauern womöglich zu halten, z. B. Td6 30. g4 Kg8, 31. gh5: Dd7, 32. Dd7: Ld7: und die beiden Läufer bedeuten fürs Endspiel eine starke Waffe.

30.	Sc3:d5	Le8—f7

Ein Läufer wird sowieso getauscht.

31.	Sd5:e7†	Dd8:e7
32.	g2—g4	h5:g4

Aljechin führt im Turnierbuch aus, daß Schwarz hier durch Tc2† 33. Kg3

Te2!, 34. g6, h4†!, 35. Th4: Te3:†, 36. Kg2 Te2†! Remis halten konnte.

33. Df5—h7†	Kg8—f8
34. Th1—h6	Lf7—g8?

Viel besser war Th6:, worauf Schwarz Aussichten zum Dauerschach erhielt.

35. Dh7—f5†	Kf8—g7
36. Th6:c6	b7:c6
37. Kf2—g3	De7—e6?

Nach Aljechins Meinung war die Stellung noch immer zu halten: 37. ... Lf7!, 38. Dg4:! c5, 39. f5 Dd6†, 40. Df4 Df4:†, 41. Kf4: cd4:, 42. Ke4: (ed4: Ld5!) de3:, 43. Ke3: Lb3, 44. Kf4 a5! nebst a4 usw.

38. Kg3:g4

Nun läßt Capablanca nicht mehr locker.

38. ...	De6:f5†
39. Kg4:f5	Lg8—d5
40. b2—b4	a7—a6
41. Kf5—g4!	Ld5—c4
42. f4—f5	Lc4—b3
43. Kg4—f4	Lb3—c2
44. Kf4—e5	Kg7—f7
45. a3—a4!	Kf7—g7
46. d4—d5	Lc2:a4
47. d5—d6	c6—c5
48. b4:c5	La4—c6
49. Ke5—e6	a6—a5
50. f5—f6†	Aufgegeben.

49. Nimzoindische Verteidigung

Eine Partie größten Kalibers, eine Kraftprobe des schweren Stellungskampfes, der steten Belagerung und umsichtigen Verteidigung. Es siegte der Bessere, aber auch dem Unterlegenen gebührt Dank.

Capablanca — Ragosin
Moskau 1935, Schönheitspreis.

1. d2—d4	Sg8—f6
2. c2—c4	e7—e6
3. Sb1—c3	Lf8—b4
4. a2—a3	

Die Sämisch-Variante, nach dem damaligen Stande russischer Forschungen ungenügend, heute aber rehabilitiert.

4. ...	Lb4:c3†
5. b2:c3	d7—d6

Hans Müller und andere Theoretiker befürworten diese Behandlung, um die Stellung mit Rücksicht auf das weiße Läuferpaar geschlossen zu halten. Kmoch setzte sich für d5 ein, während russische Analytiker in c5! das richtige Gegengift erblickten. Wahrscheinlich befürchtete Ragosin eine Neuerung als Geheimwaffe des Gegners.

6. Dd1—c2	0—0
7. e2—e4	e6—e5
8. Lf1—d3	c7—c5

Sc6, Sa5, b6, Lb7 stand eher im Einklang mit den bisherigen Zügen; nach d5 bekommt der Springer auf c5 ein willkommenes Wirkungsfeld.

9. Sg1—e2	Sb8—c6
10. d4—d5	Sc6—e7

Führt zu gedrücktem Spiel. Besser war Sa5, um den Gegner nach b6 und La6 zu beschäftigen.

11. f2—f3	Sf6—d7

Schwarz bekundet etwas Ratlosigkeit. In Betracht kam eher Kh8 und Sfg8, oder sofort Se8, worauf 12. g4 wegen Sg6 fragwürdig wäre.

12. h2—h4	Sd7—b6
13. g2—g4	f7—f6

Schwarz stellt das Spiel allzu sehr auf Verteidigung ein, was in ähnlichen Stellungen kaum zum Guten führt und dem sowjetischen Schachstil zuwiderläuft. Das russische Turnierbuch empfiehlt 13. . . . Ld7, 14. a4 De8, 15. a5 Sbc8 und nachher b6, oder im Falle von 14. Sg3 a6 und b5 mit Gegenspiel.

14. Se2—g3	Kg8—f7
15. g4—g5	Se7—g8
16. f3—f4!	Kf7—e8

Nach ef4: folgt Lf4: nebst Dh2 mit mächtigem Druckspiel. Der schwarze König flüchtet aus dem Schlachtengetümmel und sucht sich ein (scheinbar sicheres) Asyl.

17. f4—f5!

Capablanca hat die vier zentralen Linien abgeriegelt und wird die fünfte am Königsflügel in einem für ihn günstigen Moment öffnen.

17. . . .	Dd8—e7
18. Dc2—g2	Ke8—d8
19. Sg3—h5	Kd8—c7
20. g5:f6	g7:f6
21. Sh5—g7!	Lc8—d7

Die Drohung Se6 hängt von hier ab ständig als Damokles-Schwert über dem Schwarzen.

22. h4—h5 Ta8—c8

Nach h6 wäre der schwarze Springer begraben und das Feld g6 zugänglich.

23. h5—h6	Kc7—b8
24. Th1—g1	Tf8—f7
25. Ta1—b1	De7—f8
26. Ld3—e2	Kb8—a8

Die weiße Majestät lebt geruhsam in ihrer warmen, heimatlichen Burg, während die schwarze eine beschwerliche Reise hinter sich hat.

27. Le2—h5	Tf7—e7
28. Dg2—a2!	Df8—d8
29. Lc1—d2	Sb6—a4
30. Da2—b3	Sa4—b6

Nach Tb8 entscheidet 31. Se6!, z. B. Le6:. (Es drohte Tg8:!) 32. de6: und gegen 33. Lf7 gibt es keine Parade, oder 31. . . . Db6, 32. Db6:! ab6:, 33. Sc7† Ka7, 34. Sb5† Lb5:, 35. Tb5: und Ld1 usw. (Turnierbuch).

31. a3—a4! Tc8—b8

La4: ist nicht spielbar wegen 32. Da2 (Droht 33. Tb6:.) Ld7, 33. Se6! Le6:, 34. de6:, und 35. Lf7 bringt wieder die Entscheidung.

32. a4—a5	Sb6—c8
33. Db3—a2	Dd8—f8

Schwarz ist zur Untätigkeit verdammt.

34. Ld2—e3	b7—b6
35. a5—a6	Df8—d8

Schwarz spielt sehr umsichtig. b5? 36. cb5: Lb5:, 37. Se6 würde die Dame kosten.

36. Ke1—d2 Dd8—f8

Jetzt hinwieder fällt nach b5 36. cb5: Lb5:, 37. Se6 der Springer zum Opfer.

37. Tb1—b2	Df8—d8
38. Da2—b1	b6—b5

Nunmehr erzwungen, denn auf abwartende Züge, wie Df8 folgt 39. Df1 Dd8, 40. Se6! Le6:, 41. fe6: Tc7, 42. Lf7 nebst Tg7 und Dg1 mit Erwürgung.

39. c4:b5	Sc8—b6
40. Db1—a2	

Damit droht 41. c4, in Verbindung mit 42. Ke2, und Ld2—a5. Alle weißen Streitkräfte wirken harmonisch mit.

40. ...	c5—c4
41. Da2—a3	Dd8—c7
42. Kd2—c1	Tb8—f8
43. Tb2—g2	

Hohe Feldherrnkunst! Der entscheidende Durchbruch wird vorbereitet.

43. ... Dc7—b8

Fernverteidigung des Sg8.

44. Da3—b4	Tf8—d8
45. Tg2—g3	Td8—f8
46. Sg7—e6!	

25 Züge lang stand der Springer hier, stets drohend; nun bringt er die Entscheidung.

46. ... Ld7:e6

Nach Tc8 47. Lb6: ab6:, 48. a7! ist das Spiel aus.

47. d5:e6.

Es droht wieder das bekannte Lf7.

47. ...	Te7—c7
48. Db4:d6	Sg8—e7
49. Tg1—d1	Aufgegeben.

Die zahlreichen Drohungen sind nicht zu parieren.

50. Damengambit

Der ungarische Großmeister findet ein Loch in der Kombination seines listigen Gegners und erteilt ihm eine heilsame Lektion.

Marshall	Maróczy

Monte-Carlo 1903, Schönheitspreis.

1. d2—d4	d7—d5
2. c2—c4	e7—e6
3. Sb1—c3	Sg8—f6
4. Lc1—g5	Lf8—e7
5. e2—e3	0—0
6. Sg1—f3	Sf6—e4

Ein bekanntes Entlastungsmanöver.

7. Lg5:e7	Dd8:e7
8. Lf1—d3	

Gebräuchlich ist noch die Wendung 8. cd5: Sc3:, 9. bc3: ed5:, 10. Db3, doch hat Schwarz nach 10. ... Dd6! auch nichts zu fürchten (Euwe—Eliskases, Noordwijk 1938).

8. ...	f7—f5
9. c4:d5	Se4:c3

Die beste Antwort.

10. b2:c3

d6 kam auch in Betracht, ohne dem Schwarzen ernstliche Sorgen zu bereiten.

10. ...	e6:d5
11. Dd1—c2	

Weiß geht eigene Wege, gebräuchlicher und etwas besser war Db3, wie Marshall in Folkestone 1933 gegen Treybal spielte.

11. ...	c7—c5
12. d4:c5	

Sonst folgt Einschnürung durch c4.

12. ...	De7:c5
13. c3—c4	Kg8—h8

Um jede Überraschung auszuschalten.

14. c4:d5	Dc5:d5
15. 0—0	Sb8—c6
16. Ld3—c4	Dd5—c5
17. Ta1—c1	f5—f4!

Turm und Läufer erhalten darauf lockende Möglichkeiten.

18. Dc2—e4

Besser war es, sich mit dem Bewußtsein abzufinden, daß Schwarz nach 18. ef4: seine Aufgabe erledigt hat. Der Textzug ist die Einleitung einer echt Marshallschen Kombination!

18. ... f4:e3

Stets hat der ungarische Großmeister als Ei des Kolumbus die Erfahrungsweisheit gepredigt, daß man sich auf alle Absichten des Gegners einlassen kann, nur muß man um einen einzigen Zug weiter rechnen. Also geschah es auch hier.

19. Lc4—d5

De3: schaltet die akuten Gefahren aus, das weitere Leben mit dem Isolani würde aber wenig Freuden bringen.

19. ... e3:f2†
20. Kg1—h1 Dc5—a3!
21. Ld5:c6

Sh4 war nicht angängig wegen Dc1:! 22. Sg6† hg6:, worauf 23. Dh4† an Dh6 scheitern würde.

21. ... b7:c6
22. De4:c6 Lc8—a6!

Der gewisse Zug, den man im vornherein sehen mußte!

23. Tc1—c3 La6:f1!
24. Sf3—d2

Es ist natürlich aus. Auf Ta3: gewinnt Le2.

24. ... Da3—a6
25. Dc6—e4 Lf1—d3

Aufgegeben.

51. Sizilianische Partie

Weiß sucht den schwarzen Angriff durch energischen Zentrumdurchstoß zu entkräften; der geniale Ungar hat aber wieder weiter gerechnet und führt den gegnerischen Plan energisch ad absurdum.

Taubenhaus — Maróczy
Monte Carlo 1903, Schönheitspreis.

1. e2—e4 c7—c5
2. Sg1—f3 Sb8—c6
3. d2—d4 c5:d4
4. Sf3:d4 Sg8—f6
5. Sb1—c3 e7—e6
6. Lf1—e2 a7—a6
7. 0—0 Dd8—c7
8. Le2—f3

Entschieden besser war Kh1 und f4, um diesen Läuferzug vorzubereiten. Weiß beabsichtigt seinen Läufer nach g2 zu führen, Schwarz verhindert es.

8. ... Sc6—e5
9. g2—g3 Se5:f3†
10. Dd1:f3

Als Facit blieb also eine löcherige Königsstellung.

10. ... d7—d6
11. Lc1—e3 b7—b5
12. Df3—g2

Gegen das drohende Lb7 sollen Maßnahmen getroffen werden.

12. ... Lc8—b7
13. f2—f3 Lf8—e7

14. Tf1—e1 Sf6—d7
15. Ta1—d1 g7—g5!

Die Partie nimmt eine scharfe Wendung. Schwarz verharrt in der Hoffnung auf Angriff mit seinem König in der Mitte und die Folgen geben ihm recht.

16. Dg2—d2 Th8—g8
17. Le3—f2 Sd7—e5
18. b2—b3 Ta8—d8
19. Te1—e3 h7—h5
20. Sc3—e2 d6—d5!
21. e4:d5 Td8:d5
22. Dd2—c1 Le7—c5
23. c2—c3 Td5—d7!

Bereitet die Parade gegen den zu erwartenden Gegenstoß des Weißen in der Mitte vor.

24. Dc1—b1 Tg8—g7
25. Td1—e1 g5—g4
26. Te3:e5

Sonst dringt der schwarze Angriff durch, nun scheint aber der weiße Gegenangriff zu triumphieren. 26. f4 wäre wegen Sf3† 27. Sf3: Le3:, 28. Se5 Lf2:†, 29. Kf2: Dc5†, 30. Kf1 Dd5 nicht ausreichend.

26. ... Dc7:e5
27. Se2—f4

27. ... De5—g5
28. Sf4:e6 f7:e6
29. Sd4:e6 Lc5:f2†
30. Kg1:f2 Dg5—d2†
31. Te1—e2

Nach Kf1 Lf3:, 32. Sg7:† Kd8, 33. Se6† Kc8, 34. Sf4 Dh2: steht der Gewinn des Schwarzen außer Zweifel.

31. ... Dd2:e2†!
32. Kf2:e2 Td7—e7
33. Db1—f5 Te7:e6†!

Die Widerlegung der Opferkombination. Weiß bleibt in entscheidendem materiellen Nachteil.

34. Df5:e6† Tg7—e7
35. De6:e7† Ke8:e7
36. f3:g4 h5:g4
37. Ke2—e3 Ke7—d6
38. Ke3—f4 Lb7—c8
39. Kf4—e4 Kd6—c5
40. Ke4—e5 a6—a5
41. Ke5—e4 a5—a4
42. Ke4—e5 a4—a3
43. Ke5—e4 Lc8—e6
44. Ke4—e5 Le6:b3

Aufgegeben.

52. Königsindische Verteidigung

In schwieriger Lage die Ruhe bewahren!

Vidmar Euwe
Karlsbad 1929, II. Schönheitspreis.

1. d2—d4 Sg8—f6
2. Sg1—f3 g7—g6
3. Lc1—g5

Der slowenische Großmeister hat Respekt vor seinem jungen Gegner und will sich nicht auf die gebräuchlichen Varianten einlassen.

3. ... Lf8—g7
4. Sb1—d2 c7—c5
5. e2—e3

Auf dc5: würde natürlich Da5 folgen.

5. ... b7—b6
6. Lf1—d3 Lc8—b7
7. 0—0 h7—h6
8. Lg5—f4 d7—d6
9. c2—c3

In Betracht kam h3, um den fürs Endspiel wichtigen Läufer erhalten zu können.

9. ... Sf6—h5
10. Dd1—b3 Sh5:f4
11. e3:f4 0—0
12. Ta1—d1

Auf das einladende Lg6: folgt c4 13. Sc4: d5 und die Tauschmöglichkeiten verlaufen eher für Schwarz günstig.

12. ... Sb8—c6
13. Ld3—b1 c5:d4
14. c3:d4 e7—e6!

Jetzt war Lg6: bereits eine Drohung und mit Rücksicht auf diese war es nicht angezeigt, den d-Bauer zu schlagen.

15. Sd2—e4 Sc6—e7
16. Db3—a3!

Dieser vortreffliche Zug beobachtet die beiden vitalen Bauern a7 und d6. Für seine Güte spricht der Umstand, daß, obwohl der Kampf schärfere Formen annimmt, die Dame sich von ihrem nunmehrigen Standorte nicht zu bewegen braucht.

16. ... Se7—f5
17. Td1—d2 Dd8—e7
18. Se4—g3 Sf5:g3

Dieser Tausch ist unmotiviert, besser war Tfd8.

19. f2:g3!

Abermals ein vortrefflicher Zug. Vidmar schwebt ein Bauernvormarsch vor, der nach hg3: weniger effektvoll wäre.

19. ... Tf8—c8
20. g3—g4 Tc8—c7
21. f4—f5 e6:f5
22. g4:f5 g6—g5
23. Tf1—e1 De7—f6
24. h2—h3 Ta8—c8
25. Td2—d1 Tc7—c4

Schwarz hat in den letzten Zügen mächtig aufgeholt und scheint den ungeschützten weißen Königsflügel mit einem aussichtsreichen Gegenangriff beunruhigen zu wollen.

26. d4—d5 a7—a5

Zweckdienlicher wäre sofortige Fortsetzung des Angriffs durch g4. Die schwarze Stellung erscheint aber so bombenfest, daß der holländische Meister der Meinung war, er hätte Zeit, seinen a-Bauern in Sicherheit zu bringen.

27. Sf3—d2!

Vidmar verteidigt sich äußerst kaltblütig und behält Recht.

27. ... Df6—d4†
28. Kg1—h1 Dd4:d5
29. Lb1—e4 Tc4:e4

Das Qualitätsopfer verspricht vollen Erfolg, Weiß kann den Punkt g2 kaum decken.

30. Sd2:e4 Dd5:f5
31. Se4:d6 Lb7:g2†
32. Kh1:g2 Tc8—c2†
33. Kg2—h1 Df5—f4

Siehe Diagramm Seite 65 oben!

Weiß steht vor undeckbarem Matt, er kommt aber früher zum Mahlen. Es folgt ein Problemmatt.

34. Te1—e8† Lg7—f8
35. Te8:f8† Kg8:f8
36. Sd6—f5†

Schwarz gab die Partie auf, ohne auf Kg8 37. Df8†!! abzuwarten.

53. Königsgambit

Schwarz hält einen mächtigen Angriff standhaft durch.

Mieses — Marco
Wien 1903, Königsgambitturnier, Spezialpreis.

1. e2—e4 e7—e5
2. f2—f4 e5:f4
3. Sg1—f3 g7—g5

Der Preis war für die beste Partie mit dieser Verteidigung ausgesetzt.

4. Lf1—c4 g5—g4
5. 0—0

Das Muziogambit gibt dem Weißen vorzügliche Chancen.

5. ... d7—d5!?
6. Lc4:d5.

Laut späteren Forschungen war ed5: der richtige Zug, um nach gf3: 7. Df3: Ld6, 8. d3 und Lf4: weiter auf Angriff zu spielen.

6. ... g4:f3
7. Dd1:f3 c7—c6
8. Df3:f4 Sg8—f6

Es drohte sowohl Df7: Matt, als auch De5†. Schwarz muß alle Geistesgegenwart aufbieten, um nicht in den Abgrund zu stürzen.

9. Ld5—b3

Besser erscheint es, mit Lf7:† den Angriff fortzusetzen.

9. ... Dd8—d4†!

Die Finesse der Verteidigung! e5 wird verhindert und Schwarz gewinnt die nötige Zeit zur Weiterentwicklung.

10. Kg1—h1 Lf8—e7
11. d2—d3 Lc8—e6
12. Lc1—d2 Sb8—d7!
13. Ld2—c3 Dd4—b6

Die Stellung nimmt für Schwarz freundlichere Aspekte an.

14. Df4—h6 Th8—g8!
15. Lc3:f6

Auch mit Einschaltung von Le6: geht die Sache schief, denn auf fe6: 16. Lf6: Sf6:, 17. Tf6: würde Db2:! folgen.

15. ... Tg8—g6
16. Dh6:h7 Sd7:f6
17. Dh7—h8† Tg6—g8

Schwarz hat den Angriff abgeschlagen und steht infolge seines Entwicklungsvorsprunges auf Gewinn.

18. Dh8—h6 Sf6—g4
19. Dh6—f4 Le7—d6!

Die Entscheidung! Der Läufer ist wegen Sf2† nicht zu nehmen.

20.	Df4—d2	Sg4:h2
21.	Tf1—f6	Sh2—f1!

Kurz und derart bündig, daß Weiß sofort kapitulierte.

54. Damenbauerspiel

Ein Nur-Praktiker trifft auf einen alterfahrenen Gegner, der sowohl in Theorie wie Praxis äußerst sattelfest ist.

Sultan Khan — Maróczy
London 1932. Spezialpreis für die beste Verteidigung (Best recovery price).

1.	d2—d4	d7—d5
2.	Sg1—f3	Sg8—f6
3.	e2—e3	e7—e6
4.	Sb1—d2	c7—c5

Das Treffen fand in der letzten Runde statt. Der Inder hatte im Falle des Sieges den zweiten Preis sicher, daher behandelt er im folgenden die zahme Eröffnung überscharf.

5.	Sf3—e5	Sb8—c6
6.	Lf1—b5	Dd8—b6
7.	c2—c4.	

Seit dem 5. Zuge war c3 einfacher und besser, Weiß möchte aber Herr auf den weißen Feldern werden.

7.	...	Lf8—d6
8.	Dd1—a4	Lc8—d7
9.	Se5:d7	Sf6:d7
10.	b2—b4!?	

Dadurch forciert Weiß in starkem Selbstvertrauen das Spiel.

10.	...	c5:d4

Bedeutet ein Figurenopfer, der Ungar hatte aber keine große Wahl. Le7 11. cd5: ed5:, 12. bc5: kam natürlich nicht in Betracht, aber 10. ... cb4:, 11. c5 Lc5:, 12. dc5: Sc5:, 13. Lc6:† bc6:, 14. Dc2 Db5 führte zu etwas günstigerem Spiel als in der Partie.

11.	c4—c5	Sd7:c5
12.	b4:c5	Ld6:c5
13.	Lb5:c6†.	

Nach Aljechins Meinung ist das ein Fehler, statt dessen Weiß durch 13. Sb3 de3:, 14. Sc5: ef2:†, 15. Kf1 Dc5:, 16. La3 Db6, 17. Tc1 Tc8, 18. Lc5 angeblich entscheidendes Übergewicht erlangen konnte. Das wäre richtig, aber Schwarz spielt nach 13. Sb3 einfach 0—0 und wird nur einen Bauern zurückgeben müssen.

13.	...	Db6:c6
14.	Da4:c6†	b7:c6
15.	Sd2—b3	Lc5—b4†
16.	Lc1—d2	

Besser Ke2, denn die schwarze Bauernmasse nimmt durch jeden Figurentausch an Kraft zu.

16.	...	Lb4:d2†
17.	Ke1:d2	d4:e3†
18.	f2:e3	

Die weiße Bauernstreitmacht hat an Durchschlagskraft eingebüßt, aber Ke3: war auch kaum besser. denn die zwei schwarzen Freibauern werden in der Mitte gefährlich.

18.	...	Ke8—d7
19.	Ta1—c1	Th8—b8

Schwarz hat einen einfachen und guten Plan: der a-Bauer soll den Springer verdrängen, dann bekommt der Turm die b-Linie, und wehrt sich Weiß dagegen, folgt Einbruch über b4.

20.	Tc1—c5	a7—a5!
21.	Th1—c1	

Wie leicht ersichtlich, war der a-Bauer nicht zu schlagen.

21.	...	a5—a4
22.	Sb3—d4	Tb8—b2†
23.	Tc1—c2	

Das Druckspiel gegen den Bc6 muß aufgegeben werden, denn der schwarze a-Bauer könnte nach Ta2: sehr gefährlich werden.

23. ... Tb2:c2†

Wieder ist ein Figurenpaar verschwunden.

24. Tc5:c2 Ta8—a6
25. Tc2—b2 Kd7—c7
26. Kd2—d3 e6—e5!
27. Sd4—f5 g7—g6
28. Sf5—h6 f7—f5
29. Sh6—f7 a4—a3
30. Tb2—c2

Auf Tb3 würde c5! folgen und die Bauern werden unangenehm.

30. ... e5—e4†
31. Kd3—d2

Aljechin empfiehlt ohne Begründung Kd4.

31. ... Ta6—a5
32. Sf7—g5 c6—c5!

Das gegebene, richtige Gegenspiel.

33. Sg5:h7 Kc7—d6
34. Sh7—f8 g6—g5
35. Sf8—h7 g5—g4
36. Sh7—f6 Ta5—b5
37. Sf6—h5 d5—d4
38. Sh5—f4 d4—d3

39. Tc2—c1?

Die einzige Chance bestand hier darin, den Springer sofort zurückzugeben: 39. Sd3: ed3:, 40. Kd3:. Nach Kd5 ist das materielle Gleichgewicht hergestellt und der Stellungsvorteil des Schwarzen so gering, daß er sich nur durch höchste Meisterschaft zum Gewinn verdichten läßt, z. B. 41. Tf2 c4†, 42. Kc3 Ke4! oder 41. g3 Tb1 und je nach der Antwort des Weißen Th1 oder c4†, oder endlich 41. h3 c4†, 42. Kc3 (Tc4:, Tb2 führt zu ähnlichen Wendungen wie in der Partie.) g3 und zum Gewinn führt, wenn überhaupt, nur ein langer und schwieriger Weg. Das Finale ist trotz alldem interessant.

39. ... Tb5—b2†
40. Kd2—c3 Kd6—c6
41. h2—h4 g4:h3
42. g2:h3 Tb2:a2
43. Sf4:d3 e4:d3
44. Kc3:d3 Ta2—h2
45. Tc1—a1 a3—a2
46. Kd3—c4 Kc6—d6
47. Ta1—d1† Kd6—e5
48. Td1—a1

Falls Kc5:, so Tc2† 49. Kb4 Tb2† nebst Tb1.

48. ... Ke5—e4
49. h3—h4 Ke4:e3
50. Kc4:c5: f5—f4
51. Kc5—c4 f4—f3
52. Kc4—c3 Th2:h4
53. Ta1:a2 f3—f2

Aufgegeben. Eine nicht ganz fehlerfreie, aber sehr lehrreiche Partie.

55. Nimzowitsch-Verteidigung

Erste Begegnung der beiden jungen Schachgrößen. Der Amerikaner nimmt eine schwere Verteidigung auf sich und verwertet in hartem Kampf einen kleinen materiellen Vorteil.

Kashdan — Flohr
Hamburger Olympia 1930, Spezialpreis für das beste Endspiel.

1.	e2—e4	Sb8—c6
2.	d2—d4	d7—d5
3.	e4—e5	Lc8—f5
4.	c2—c3	e7—e6
5.	Sg1—e2	Sg8—e7
6.	Se2—g3	Lf5—g6
7.	Lf1—d3	Dd8—d7
8.	Dd1—f3	b7—b6
9.	Sb1—d2	Sc6—a5
10.	h2—h4	Lg6:d3
11.	Df3:d3	c7—c5
12.	b2—b4!	c5:b4

Beide Gegner sind unvoreingenommen und suchen den offenen Kampf. Nach 12. . . . c4 bliebe die Stellung abgeriegelt, mit der Tendenz, Remis zu werden.

13.	c3:b4	Sa5—c4
14.	h4—h5	

Weiß nimmt das angebotene Bauernopfer nicht an, denn nach 14. Sc4: dc4:, 15. Dc4: Tc8 und Sc6 würde der Gegner über genügend Gegenchancen verfügen. Statt dessen will er die feindliche Bauernstellung schwächen.

14.	. . .	Ta8—c8
15.	h5—h6!	g7—g6
16.	Sd2—f3	Se7—f5
17.	a2—a3	Dd7—a4
18.	Ta1—b1	

Es drohte Lb4:†, Schwarz hat seine Chancen am Damenflügel trefflich wahrgenommen.

18.	. . .	a7—a5!
19.	Sg3—e2	a5:b4
20.	g2—g4	b4:a3

Schwarz hofft, daß die Freibauern am Damenflügel die Figur aufwiegen.

21.	g4:f5	g6:f5
22.	Th1—g1	

Weiß muß einige Verteidigungszüge treffen, jetzt z. B. gegen Tg8.

22.	. . .	b6—b5
23.	Sf3—d2	Sc4:d2

Es gibt keinen besseren Zug! Der Springer muß beseitigt werden, denn er droht den b-Bauern auf b3 zu stoppen; auf Lh6:? würde 24. Sc3 folgen, was sofort wegen Lb4 nutzlos war.

24.	Lc1:d2	b5—b4

Nun drohen die Bauern nach a2 und b3 rabiat zu werden!

25.	Tg1—g3!	

Sehr fein! Sc1 hätte Tc1:†! zur Folge.

25.	. . .	Tc8—c4
26.	Se2—c1	Da4—a7
27.	Sc1—b3	Da7—c7
28.	Ke1—e2	Ke8—d7
29.	Tb1—g1	

Die weißen Türme melden sich.

29.	. . .	Tc4—c2
30.	Tg3—g8	Th8:g8
31.	Tg1:g8	Lf8—e7

Wieder war der Bauer gefeit, denn auf Lh6:? folgte 32. Kd1!

32.	Dd3—b5†	Dc7—c6
33.	Db5—b8	Dc6—a6†
34.	Ke2—d1	Tc2—c8

Schwarz war gezwungen, gegen das drohende De8† Maßnahmen zu treffen. Weiß hat sich ausgezeichnet verteidigt, wird aber seinen kleinen Vorteil nur durch sehr genaues und gutes Spiel zum Gewinn verdichten können.

35. Tg8:c8 Da6:c8
36. Db8:c8† Kd7:c8
37. Kd1—c2

Erstes Gebot ist die Bauern aufzuhalten.

37. ... Kc8—c7
38. Sb3—c1 Kc7—c6
39. Kc2—b3 Kc6—b5
40. Sc1—a2 Le7—h4

Die schwarzen Flügelbauern sind unhaltbar geworden, der Gegner versucht es also mit einem Gegenangriff.

41. Ld2—e1 f7—f6

Besser als das sofortige Lg5.

42. Sa2:b4 f6:e5
43. d4:e5 Lh4—g5
44. Sb4—c2! Kb5—c6
45. Sc2—d4† Kc6—d7
46. Kb3:a3 Lg5:h6

Die schwarze Lage hat sich einigermaßen verbessert, denn er besitzt nunmehr zwei entfernte Freibauern.

47. Ka3—b3 Lh6—f4
48. Sd4—f3

Die weißen Figuren stehen nicht besonders günstig; um den Gewinn zu erzwingen, ist noch sehr gutes Spiel erforderlich.

48. ... h7—h5
49. Le1—c3 Lf4—h6
50. Lc3—b4

Sonst folgt Lf8 in Verbindung von Le7 und h4. Der weiße Läufer wird auf d6 wirkungsvoll stehen.

50. ... Lh6—g7
51. Lb4—d6 Lg7—h6
52. Kb3—c3 Lh6—g7
53. Kc3—d3 Lg7—h6
54. Kd3—e2 Lh6—c1
55. Ke2—f1 Lc1—b2
56. Ld6—c5 Kd7—c6
57. Lc5—d4 Lb2—c1
58. Kf1—g2 Lc1—f4

Nun ist Weiß in der Lage, den Läufer zu tauschen, aber auch nach Lh6 ist die Partie nicht zu halten.

59. Ld4—e3 Lf4:e3
60. f2:e3 d5—d4!

Der polnische, später tschechoslowakische und jetzt russische Großmeister versucht das Unmögliche möglich zu machen.

61. e3:d4 Kc6—d5
62. Kg2—g3 Kd5—e4
63. Sf3—g5†! Ke4:d4
64. Kg3—f4 Kd4—d5
65. Sg5—f3 Kd5—c4
66. Kf4—g5 Kc4—d5
67. Kg5—f6 f5—f4
68. Sf3—h4! Kd5—e4
69. Kf6:e6 f4—f3
70. Sh4:f3 Ke4:f3
71. Ke6—f5! h5—h4
72. e5—e6 h4—h3
73. e6—e7 h3—h2
74. e7—e8D Kf3—g2
75. Kf5—g4!

Schwarz streckte die Waffen. Nach h1D 76. De2† Kg1 gewinnt 77. Kg3. Ein erbittertes Ringen, beiden Teilen zur Ehre gereichend.

56. Aljechin-Verteidigung

Triumph der aktiven Verteidigung!

Spielmann — Colle

Dortmund 1928, Schönheitspreis.

1. e2—e4 Sg8—f6
2. e4—e5 Sf6—d5
3. c2—c4 Sd5—b6
4. d2—d4 d7—d6
5. f2—f4

Die schärfste Gegenmaßnahme gegen die Aljechin-Verteidigung und nach Ansicht Aljechins die einzig Erfolg versprechende. Weiß muß die Sorgen seiner vorgeschobenen Bauern auf sich nehmen.

5. ... Lc8—f5
6. Sb1—c3 d6:e5
7. f4:e5 e7—e6
8. Lc1—e3 Sb8—c6
9. Lf1—e2 Lf8—e7
10. Sg1—f3 0—0
11. 0—0 f7—f6
12. Sf3—h4!

Der unternehmungslustige Spielmann opfert im Interesse des Angriffs einen Bauern.

12. ... f6:e5
13. Sh4:f5 e6:f5
14. d4—d5 Sc6—d4!

Die beste Antwort, Schwarz gibt den Bauern zurück. Auf Sb8 folgt 15. c5, auf Sb4 Db3 und c5, während Sa5 wegen 15. Lb6: ab6:, 16. a3! und b4 sofort verliert.

15. Le3:d4 e5:d4
16. Dd1:d4 Sb6—d7
17. Sc3—a4

Schaltet zwar die Drohung Lc5 aus, gibt aber zu einer frappanten Antwort Gelegenheit. Besser war es daher, die Dame von dem exponierten Mittelfeld, wo sie auch durch Lf6 behelligt werden kann, zurückzuziehen.

17. ... b7—b5!

Tarrasch hat die Behauptung aufgestellt, Bauernopfer seien die feinsten Waffen des Schachkampfes.

18. c4:b5 Le7—d6!

Von der stolzen Bauernmitte ist nur ein einziger Zeuge übrig geblieben, und dieser allein wird schwerlich etwas ausrichten.

19. Ta1—e1

Es müssen also die Reservefiguren eingreifen.

19. ... Dd8—e7
20. Le2—d3 Sd7—e5
21. Kg1—h1

Die weiße Stellung ist unbehaglich. Lf5: ging wegen Tf5: 22. Tf5: Sf3†!, 23. Tf3: (gf3: De1:† nebst Te8.) De1:†, 24. Tf1 Lh2:† nicht an, ansonsten droht aber Df6 und Dh6 mit Verstärkung des Angriffs.

21. ... f5—f4!
22. Te1—e2

Tf4:? 23. Df4: Sd3: ist natürlich indiskutabel, es sollte aber 22. Sc5! nebst Se6 versucht werden.

22. ... Ta8—e8
23. Sa4—c3

Auf 23. Tfel folgt die starke Antwort Dh4, und 24. Te5: scheitert dann an Del:†! usw.

23. ... De7—h4
24. Sc3—e4 Se5—g4
25. h2—h3

25. g3 ist schwach wegen Dh3, und 25. Dgl ist wegen Sh2:! 26. Dh2: Dh2:†, 27. Kh2: f3† noch schwächer.

25. ... f4—f3!
26. Tf1:f3 Tf8:f3
27. Se4—f6† Kg8—f7!

Aufgegeben. Auf 28. Te8: entscheidet Sf2† usw., und auf gf3: führen mehrere Wege nach Rom.

57. Caro-Kann-Verteidigung

Hauptakteur ist der weiße König, er entscheidet das Drama im letzten Aufzuge.

Tarrasch Réti
Wien 1922, Schönheitspreis.

1. e2—e4 c7—c6
2. Sb1—c3 d7—d5
3. Sg1—f3 Sg8—f6
4. e4:d5 c6:d5
5. d2—d4 Lc8—g4
6. h2—h3 Lg4:f3

In Betracht kam auch Lf5. Der Tausch beseitigt den Springer, der auf e5 dominierend stünde, gibt aber das Läuferpaar auf.

7. Dd1:f3 e7—e6
8. Lf1—d3 Sb8—c6
9. Lc1—e3 Lf8—e7
10. 0—0 0—0
11. a2—a3

Durch die schwarze Rochade hat der Ld3 an Bedeutung gewonnen, Sb4 soll also verhindert werden. Nun kann aber der neuromantische Gegner gegen die also geschwächten Bauern vorgehen.

11. ... a7—a6

e5 war hier wegen der verbleibenden Schwäche des d-Bauern nicht angängig.

12. Sc3—e2 b7—b5
13. Le3—f4

Weiß will sicher gehen und richtet sich doch gegen e5 ein.

13. ... Dd8—b6
14. c2—c3 Sc6—a5
15. Ta1—d1 Sa5—c4!
16. Lf4—c1 Db6—c6
17. Se2—g3 a6—a5
18. Tf1—e1 b5—b4
19. a3:b4 a5:b4

Schwarz ist es gelungen, den weißen Damenflügel aufzurollen, Weiß verwirklicht dagegen seinen von langer Hand vorbereiteten Königsangriff.

20. Sg3—f5! e6:f5

Es gibt nichts besseres. Dc7 21. Se7:† De7:, 22. Lc4: dc4:, 23. d5 sichert dem Weißen dauernde Vorteile in der Mitte; Tfe8 21. Se7:† Te7:, 22. Lg5! Sb2:, 23. Lf6: gf6:, 24. Lh7:† Kh7:, 25. Df6: und 26. Te3 verliert sofort, auch 20. ... Ld8 ist nicht sehr verlockend.

21. Te1:e7 b4:c3
22. b2:c3 g7—g6

Erweist sich als fatal, ist aber erzwungen.

23. Lc1—h6! Sc4—b2

Es drohte Lf5:, bessere Verteidigung gewährte aber Tfe8 und falls 24. Tde1, so Se4!

24. Td1—b1 Sb2:d3
25. Df3:d3 Tf8—b8

Tbb7 darf nicht zugelassen werden, denn Weiß behält in den Verwicklungen die Oberhand, z. B. 25. ... Tfe8, 26.

Tbb7 Te7:, 27. Te7: Te8, 28. De2! Se4, 29. Da6!! Dc8, 30. f3!, und Schwarz darf aufgeben.

26. Tb1:b8† Ta8:b8
27. Dd3—g3 Tb8—d8
28. Dg3—e5!

Dieser Zug folgte auch auf andere Antworten.

28. ... Td8—a8
29. Te7—c7! Dc6—e6

Sonst entscheidet 30. De7.

30. De5:e6 f7:e6
31. Tc7—g7† Kg8—h8
32. Tg7—e7 Kh8—g8

Sg8 scheitert an Lg7 ‡!

33. f2—f3!

Nach Te6:, Kf7 wären die weißen Siegesaussichten verschwunden.

33. ... Sf6—e8

Auf Te8 ginge der Springer verloren: 34. Tg7† Kh8, 35. Tf7 Sh5, 36. g4 Sg3, 37. Kf2 Sh1†, 38. Kg2!; oder falls hier 36. ... Kg8, so 37. Ta7 Sf6, 38. Tg7† Kh8, 39. Tf7 usw.

34. Kg1—h2

Das Eingreifen des weißen Königs bringt nun die Entscheidung.

34. ... Se8—d6
35. Te7—g7†

Te6:, Sf7 würde den Kampf verlängern.

35. ... Kg8—h8
36. Tg7—d7 Sd6—b5
37. Kh2—g3 Sb5:c3
38. Kg3—f4 Sc3—b5
39. Kf4—e5 Ta8—e8
40. Ke5—f6 Kh8—g8

Gegen 41. Kf7 gerichtet.

41. Td7—g7† Kg8—h8
42. Tg7—b7 Sb5—d6
43. Tb7—d7 Sd6—b5
44. Kf6—f7 Td8—g8
45. Td7—d8!! Aufgegeben.

Schlußstellung:

Ein problemartiges Schlußspiel von dauerndem Werte.

58. Wiener Partie

Ein wildbewegter Kampf. Bemerkenswert ist die tapfere Haltung des weißen Königs inmitten der Feuerlinie.

Tschigorin — Mortimer
Paris 1900, II. Schönheitspreis.

1. e2—e4 e7—e5
2. Sb1—c3 Sb8—c6

Sf6 gilt als gebräuchlicher.

3. f2—f4 e5:f4
4. d2—d4 Dd8—h4†
5. Ke1—e2 d7—d5!
6. e4:d5

Bedeutend besser als Sd5:, worauf Lg4† 7. Sf3 0—0—0 eine Gewinnstellung für Schwarz ergibt.

6. ... Lc8—g4†
7. Sg1—f3 0—0—0

Das Figurenopfer gewährt vorzügliche Angriffsmöglichkeiten; das Steinitzgambit ist eben eine allzu zweischneidige Waffe.

8. d5:c6 Sg8—f6
9. Dd1—e1! Td8—e8†

10. Ke2—d2	Dh4—h5
11. De1—f2	Lf8—b4
12. Lf1—d3	Te8—e3!

Damit ist f3 dreimal bedroht.

13. c6:b7†	Kc8—b8

Überfein, Schwarz konnte getrost schlagen. In seiner hoffnungsvollen Lage konnte er es kaum ahnen, daß der verschmähte und als Schutzwall gedachte Bauer sein Verhängnis werden wird.

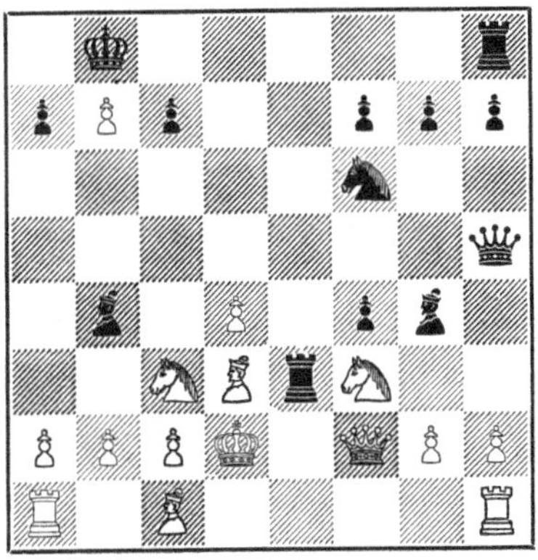

14. Sf3—e5!

Der Zug zeugt von großer Findigkeit und starkem Selbstvertrauen. Weiß entschließt sich in mißlicher Lage zum Damenopfer.

14. ...	Te3—e2†
15. Df2:e2!	Lg4:e2
16. Ld3:e2	Sf6—e4†

Schwarz wird übermütig und spielt gegen den großen Gegner auf Gewinn. Er hätte hier durch Lc3:† 17. bc3: Se4†, 18. Kd1, oder Kd3, Sf2† usw. Remis halten können.

17. Kd2—d3	Se4—f2†
18. Kd3—c4!	

Der russische Vorkämpfer hat die Gefahr nie gefürchtet.

18. ...	Dh5—h6
19. Le2—f3!	

Es droht Sd7 Matt. Die Rechnung des Weißen hat sich bewährt, das vorbildliche Zusammenspiel seiner Leichtfiguren wird den vermeintlichen schwarzen Vorteil überkompensieren.

19. ...	c7—c5

Besser war immerhin a6 oder a5, doch war die schwarze Stellung bereits unhaltbar.

20. Se5—d7†	Kb8—c7
21. Lc1:f4†!	Dh6:f4
22. Sc3—d5†	Kc7:d7
23. Sd5:f4	Sf2:h1
24. d4:c5!	Lb4—a5
25. b2—b4!	La5—c7
26. Ta1—d1†	Kd7—e8
27. Lf3—c6†!	Aufgegeben.

Auf Kf8 entscheidet 28. Td8†! sofort.

59. Spanische Partie

Der weiße König ist gezwungen, eine lange Reise anzutreten, aber das Brett ist begrenzt, die feindlichen Figuren werden ihn erhaschen.

v. Scheve	Fahrni
San Remo 1911,	Schönheitspreis.
1. e2—e4	e7—e5
2. Sg1—f3	Sb8—c6
3. Lf1—b5	d7—d6
4. c2—c3	

Ungewöhnlich, aber nicht unvorteilhaft.

4. ...	a7—a6

Am energischsten ist hier f5, ähnlich dem Siesta-Gambit.

5. Lb5:c6†	b7:c6
6. d2—d4	e5:d4
7. Sf3:d4	

Widerspricht aller Erfahrung. Viel besser war cd4:.

7.	...	Lc8—d7
8.	0—0	Sg8—f6
9.	Dd1—e2	

Wieder war Te1 zweckmäßiger. Die Dame steht hier nicht gut, nach c5 kann sie durch Lb5, ansonsten durch Te8 behelligt werden.

9.	...	Lf8—e7
10.	f2—f4	

Ein Angriffsversuch, bevor der Damenflügel entwickelt ist, kann kaum gut enden.

10.	...	d6—d5!
11.	e4:d5	

Weiß steht unbehaglich. In Betracht kam e5, obzwar die Mitte weder nach Se4 12. Sd2 c5! noch nach 12. f5 c5! geschlossen gehalten werden kann.

11.	...	c6:d5
12.	Tf1—e1	c7—c5
13.	Sd4—f3	Ld7—b5
14.	De2—e5	Ta8—a7
15.	a2—a4	

Weiß träumt noch immer von Angriff. Entwicklung mit Sa3—c2 war höchstes Gebot.

15.	...	Lb5—c6

Ld3 wäre verfehlt wegen De3.

16.	c3—c4	0—0

Nachdem der schwarze König in Sicherheit ist, übernimmt Schwarz die Rolle des Angreifers.

17.	c4:d5	Sf6:d5
18.	De5—h5	Sd5—b4
19.	Sb1—c3	Sb4—c2
20.	Te1—d1	Ta7—d7!
21.	Td1:d7	Dd8:d7
22.	Ta1—b1	g7—g6
23.	Dh5—e5	Lc6:f3
24.	g2:f3	Sc2—d4
25.	Kg1—g2	

25.	...	Sd4:f3!
26.	Kg2:f3	

Die Ablehnung des Opfers rettet die zerfahrene Stellung auch nicht.

26.	...	Dd7—h3†
27.	Kf3—e2	

Noch am besten. Ke4 verliert rasch wegen Td8! und Kf2 wegen Lh4†.

27.	...	Dh3:h2†
28.	Ke2—d3	Tf8—d8†
29.	Kd3—c4	

29. Sd5 Dg2!, 30. De7: (Kc4 Dc2†.) Dd5:†, 31. Ke2 Dd3†, 32. Kf2 Td5! nebst Th5 ist hoffnungslos, desgleichen 29. Ke4 Dg2†, 30. Ke3 c4! usw.

29.	...	Td8—d4†
30.	Kc4—b3	Td4—b4†
31.	Kb3—a3	

Etwas längeren Widerstand ermöglichte Ka2 Dc2! (Droht Ta4:†.) 32. Ta1 Lf8!, und dem Weißen gehen allmählich die Züge aus. Die Dame ist gezwungen, den Sc3 zu hüten, sonst geht er nach Db3† verloren, zieht sie aber von e5 weg, folgt nach c4 und Tb3 die Mattdrohung Ta3, und deckt Weiß diese durch Sb1, folgt Tb2:† und Db3‡. Versucht es aber Weiß inzwischen mit f5, so ist der Zugzwang nach g5 und h6 klar.

31. . . . Dh2—c2
32. b2—b3 Tb4:b3†!

Aufgegeben, denn es könnte folgen: 33. Tb3: c4†, 34. Tb4 Db3‡.

60. Damengambit

Mit einigen wohldurchdachten, feinen Damenzügen wird die schwarze Stellung sturmreif gemacht und ein Qualitätsopfer zerschmettert die Widerstandslinie.

Aljechin — Wolf
Pistyan 1922, I. Schönheitspreis.

1. d2—d4 d7—d5
2. Sg1—f3 c7—c5
3. c2—c4 c5:d4

Gebräuchlicher wäre e6, aber in jenen Tagen war die Tarrasch-Verteidigung als verdächtig angekreidet.

4. c4:d5 Sg8—f6
5. Sf3:d4 a7—a6

Aljechin empfiehlt Sd5: 6. e4 Sb4, worauf der Vorteil des Weißen nur minimal wäre.

6. e2—e4

Überraschend! Auf den d-Bauern wartet eine große Zukunft, Weiß will ihn also halten.

6. . . . Sf6:e4
7. Dd1—a4† Lc8—d7

Auf Dd7 käme die Antwort 8. Lb5.

8. Da4—b3 Se4—c5
9. Db3—e3

Bedeutend stärker als Df3, worauf e5! 10. de6: i. V. Se6:, 11. Se6: Le6: schwarzes Gegenspiel ergäbe (12. Db7:? Ld5!.).

9. . . . g7—g6
10. Sd4—f3 Dd8—c7!
11. De3—c3!

Aljechin betont in seiner Partiensammlung, daß die frühzeitigen Damenmanöver in dem Eröffnungsstadium der Partie nicht irgendeiner hypermodernen Strategie zuzuschreiben, sondern nur Zeichen der Ergreifung sich bietender Gelegenheiten seien.

11. . . . Th8—g8

Schwarz steckt schon arg in der Klemme und kann seinen gefährdeten König von der Mitte nicht entfernen.

12. Lc1—e3 b7—b6
13. Sb1—d2!

Übereilt wäre 13. b4 Lg7, 14. Sd4, wegen Da7.

13. . . . Lf8—g7
14. Le3—d4 Lg7:d4
15. Dc3:d4 Ld7—b5

Es gibt kaum etwas Besseres.

16. Lf1:b5† a6:b5
17. 0—0 Ta8—a4
18. b2—b4! Dc7—d8
19. a2—a3 Sb8—d7
20. Tf1—e1 Ke8—f8
21. d5—d6! Sc5—e6

Es gibt bereits keine Verteidigung. 21. . . . e6 wäre ebenfalls nicht gut, denn nach 22. De3 verfügt Weiß über zahlreiche Drohungen, z. B. bc5:, oder Sd4, Dh6† usw.

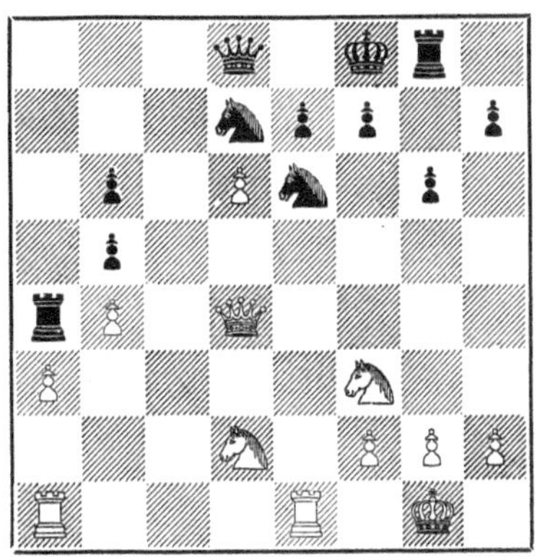

22. Te1:e6!	f7:e6
23. Sf3—g5	Dd8—b8

Auch e5 bringt keine Rettung, es folgt 24. Dd5 De8, 25. Se6† Kf7, 26. Sc7† e6, 27. Df3† usw.

24. Sg5:e6† Kf8—f7

Auf Ke8 folgt einfach 25. Se4.

25. Se6—g5†	Kf7—f8
26. Dd4—d5!	Tg8—g7
27. Sg5—e6†	Kf8—g8
28. Se6:g7†	Kg8:g7
29. d6:e7	Sd7—f6
30. Dd5:b5	Ta4—a7
31. Ta1—e1	Db8—d6
32. e7—e8S†!	Sf6:e8
33. Db5:e8	Dd6:d2
34. De8—e5†	Kg7—f7
35. h2—h4	Ta7:a3
36. De5—e8†	Kf7—g7
37. Te1—e7†	Kg7—h6
38. De8—f8†	Kh6—h5
39. Te7—e5†	Kh5—g4
40. Te5—g5†	Aufgegeben.

61. Königsindische Verteidigung

Der Partieschluß besteht aus einer glänzenden Gewinnkombination: die schwarze Dame stürmt mit Unterstützung eines einzigen Läufers die weiße Königsburg.

Aljechin — Yates
Karlsbad 1923, I. Schönheitspreis.

1. d2—d4	Sg8—f6
2. c2—c4	g7—g6
3. g2—g3	Lf8—g7
4. Lf1—g2	0—0
5. Sb1—c3	d7—d6
6. Sg1—f3	Sb8—c6!
7. d4—d5	

Weiß erlangt durch diesen und den nächsten Zug ein starkes Bauernzentrum, überläßt aber dem Schwarzen das Feld e5 und öffnet dem Lg7 die lange Schräge.

7. ...	Sc6—b8
8. e2—e4	Sb8—d7
9. 0—0	a7—a5!

Schwarz will einen Vormarsch der weißen Damenbauern von vorherein bändigen.

10. Lc1—e3	Sf6—g4
11. Le3—d4	Sg4—e5
12. Sf3:e5	Sd7:e5
13. c4—c5	

Nach f4 würde Schwarz dem Weißen nicht die Gefälligkeit Sc4:? 14. Lg7: und Dd4† erweisen, sondern mit Lg4 aufwarten und nach Db3 z. B. durch Sf3† und Ld4:† das bessere Spiel erlangen.

13. ...	d6:c5
14. Ld4:c5	b7—b6
15. Lc5—d4	Lc8—a6
16. Tf1—e1	Dd8—d6

Schwarz hat seine Dame vorzüglich ins Spiel gebracht und steht nun überlegen. Der mit 13. c5 inszenierte Angriff brachte keinen Erfolg.

17. Lg2—f1	La6:f1
18. Te1:f1	c7—c5!

Eine energische Riposte! dc6: i. V. verbietet sich wegen Dd4: und Sf3†.

19. Ld4:e5 Dd6:e5

Schwarz ist alleiniger Herr auf der langen Diagonale.

20. Dd1—b3	Ta8—b8
21. Db3—b5	

Es drohte der Vormarsch des b-Bauern.

21. ...	f7—f5!
22. Ta1—e1	f5—f4
23. Db5—d7	Tb8—d8
24. g3:f4	

Auf Damenzüge stünde der weiße König nach f3 sehr unbequem.

24. ... De5:f4
25. Dd7—e6† Kg8—h8
26. f2—f3 Df4—g5†
27. Kg1—h1 Td8—d6!
28. De6—h3

Die einzige, zum Remis führende Verteidigung bestand in Dg4. Aljechin unterschätzt seinen Gegner und wird für seinen Leichtsinn bestraft.

28. ... Lg7—e5
29. Te1—e2 Td6—f6!
30. Sc3—d1 Tf6—f4
31. Sd1—e3 Tf4—h4

Der Damenturm hat eine lange, etappenweise zurückgelegte Reise hinter sich.

32. Dh3—e6 Dg5—h5
33. Se3—g4

Auf Tff2 würde die Überraschung Tf3:! folgen. Auch der geschehene Zug genügt nicht.

33. ... Th4:g4!
34. f3:g4 Tf8:f1†
35. Kh1—g2 Dh5:h2†
36. Kg2:f1 Dh2—h1†
37. Kf1—f2 Le5—d4†
38. Kf2—g3

Auf Te3 entscheidet Dh2†. Weiß hat weder jetzt, noch im folgenden eine Gelegenheit zum ewigen Schach.

38. ... Dh1—g1†
39. Kg3—h3

Nach Tg2, De1† ist die Stellung identisch mit jener nach dem 41. Zuge in der Partie.

39. ... Dg1—f1†
40. Te2—g2 Df1—h1†
41. Kh3—g3

Th2 Df3†, 42. Kh4 Lf6†, 43. g5 Df4†, 44. Kh3 Le5, 45. Tg2 Df3†, 46. Kh4 führt zu Dh5‡.

41. ... Dh1—e1†
42. Kg3—h3

Auf andere Königszüge folgt sofortiges Matt.

42. ... g6—g5!

Das Netz wird zugezogen.

43. Tg2—c2

Am besten, denn Th2 De3† ergäbe Matt in 3 Zügen.

43. ... De1—f1†
44. Kh3—h2

Nach Tg2 Dh1†, 45. Kg3 bringt De1† sofortige Entscheidung, und 44. Kg3 verbietet sich wegen Dd3† usw.

44. ... Df1—g1†
45. Kh2—h3 Dg1—h1†
46. Kh3—g3 Dh1—d1!

Der effektvolle stille Schlußzug einer langen Kombination.

47. Tc2—c3

Darauf folgt Matt, nach Df7 Dd3† aber gewinnt Schwarz spielend das Endspiel.

47. ... Dd1—g1†
48. Kg3—h3 Dg1—f1†
49. Kh3—g3 Ld4—f2†
50. Kg3—f3 Lf2—g1†!

Aufgegeben, denn Matt ist unabwendbar. Der englische Vorkämpfer hat den Schluß hervorragend gespielt.

62. Wiener Partie

Die Partie gipfelt in einem interessanten Damenopfer.

Mieses	Janowski

Paris 1900, I. Schönheitspreis.

1. e2—e4 e7—e5
2. Sb1—c3 Sg8—f6
3. Lf1—c4 Lf8—c5
4. d2—d3 d7—d6
5. f2—f4 Sb8—c6
6. f4—f5

Gebräuchlicher ist Sf3; Weiß beabsichtigt aber, auf dem Königsflügel einen Angriff zu inszenieren.

6. ... Sc6—a5
7. Dd1—f3!

Viel besser als Lb3, worauf Sb3: 8. ab3: d5 folgen könnte.

7. ... c7—c6
8. g2—g4 h7—h6

Auf h5 wäre 8. g5 die Antwort.

9. h2—h4 b7—b5

Zweckdienlicher erscheint De7 und nach Ld7 die baldige Rochade.

10. Lc4—b3 Sa5:b3
11. a2:b3 h6—h5
12. g4:h5!

g5 wäre jetzt ein Schlag ins Wasser, nach Sg4 kann der Springer durch keinen Bauern vertrieben werden.

12. ... Sf6:h5
13. Sg1—e2 Dd8—b6

Die Dame führt hier während der ganzen Partie ein Statistendasein. Besser war Dc7.

14. Se2—g3 Sh5—f6
15. Lc1—g5 Lc8—b7

In Betracht kam Sd7 und f6, aber der g-Bauer stünde auf der offenen Linie nicht vertrauenerweckend.

16. h4—h5 Sf6—h7

Es drohte 17. h6.

17. Lg5—d2 0—0—0
18. h5—h6! g7—g6

gh6: 19. Th6: Tdg8 wäre um eine Nuance besser. Schwarz steht bereits nicht gut, seine Streitkräfte stehen abseits vom eigentlichen Kampfplatz.

19. 0—0—0 Th8—g8
20. f5:g6 f7:g6
21. Td1—f1

Weiß trifft Vorkehrungen, um seinen Stellungsvorteil zu verwerten.

21. ... Kc8—b8

Es drohte Dg4† und Tf7, während auf 21. ... Tdf8, 22. Dg4† und De6 folgen würde.

22. Df3—f7 Tg8—h8

Schwarz ist der irrigen Meinung, der Bg6 sei wegen der Springerstellung des Weißen nicht zu nehmen, der Gegner findet aber den Fehler in der Rechnung. Dc7 konnte versucht werden, Weiß stünde aber nach 23. Dc7:† Kc7:, 24. Tf7† Td7, 25. Thf1, dank seines starken h-Bauern, sehr gut.

23. Df7:g6! Td8—g8
24. Dg6—g7

Der Schlüsselzug! Die Dame ist gefeit, denn Weiß würde nach 25. hg7: Tg8, 26. Th7: Dd8, 27. Sf5 in einigen Zügen gewinnen.

24. ...	Lb7—c8
25. Sg3—f5	Lc8:f5
26. Tf1:f5	Lc5—b4

Auch jetzt noch ist die Dame tabu: 26. ... Tg7:, 27. hg7: Tg8, 28. Th7: Dd8, 29. Lg5 De8, 30. Lf6 Df7, 31. Th8! Kb7, 32. Tg8: Dg8:, 33. Th5! und der weiße Bauer wird zur Dame.

27. Kc1—b1

Weiß hat Zeit und schützt sich gegen etwaige Überraschungen durch Dg1†.

27. ...	Lb4:c3
28. b2:c3	Sh7—f8
29. Th1—f1!	Sf8—g6
30. Dg7—d7	Tg8—d8

Andere Züge taugen ebenfalls nicht, der weiße Gewinn steht außer Zweifel.

31. Dd7—e6	Sg6—f4
32. Ld2:f4	e5:f4
33. Tf5:f4	Db6—c5
34. Tf4—f7	Dc5—g5
35. Tf7—f8!	Dg5—c5
36. De6—e7	Aufgegeben.

63. Spanische Partie

Eine allbekannte, berühmte Partie. Das Schlußthema: zwei Türme, unterstützt durch den eigenen König (der dem Dauerschach entweicht) treiben den schwarzen König ins Mattnetz — ist reizend.

Duras	Teichmann
Ostende 1906,	Schönheitspreis.
1. e2—e4	e7—e5
2. Sg1—f3	Sb8—c6
3. Lf1—b5	a7—a6
4. Lb5—a4	Sg8—f6
5. 0—0	Lf8—e7
6. Tf1—e1	d7—d6
7. c2—c3	0—0
8. h2—h3	h7—h6
9. d2—d4	Lc8—d7
10. Sb1—d2	Tf8—e8
11. Sd2—f1	Le7—f8
12. Sf1—g3	g7—g6
13. La4—b3	Dd8—e7
14. Lc1—e3!	Lf8—g7

Sa5 ist nicht angezeigt, wegen 15. de5: de5:, 16. Se5:! (Sb3: 17. ab3: De5:, 18. Ld4 De7, 19. Lf6: Df6:, 20. Dd7:.)

15. d4—d5	Sc6—d8
16. c3—c4	b7—b6
17. Lb3—c2	

Bereitet zwar b4 vor, aber das Spiel gestaltet sich derart, daß es nicht dazu kommt.

17. ...	a6—a5
18. Sf3—h2	

b4 erfordert nunmehr die Vorbereitungszüge b3 und a3, Weiß stellt also lieber Versuche am Königsflügel an.

18. ...	Kg8—h7
19. Ta1—b1	

Fürsorge für den Zug f4, mit Rücksicht auf die Wirkung des Lg7.

19. ...	Sf6—g8
20. f2—f4	e5:f4
21. Le3:f4	Lg7—e5
22. Lf4:e5!	

Es drängt, denn Schwarz will sich mit f6 und Sf7 sicherstellen.

22. ...	De7:e5
23. Sg3—e2	De5—g7
24. Sh2—f3	Sd8—b7
25. Se2—g3	Sb7—c5
26. Dd1—d2	Te8—e7
27. Dd2—f2!	Ta8—e8!

Es drohte bereits 28. e5! de5:, 29. Sh5! Dh8, 30. Te5:! Te5:, 31. Sg5†! und 32. Df7:† usw. Nach dem Textzuge ist Dh8 nicht erzwungen, so daß 29. ... Df8 die Kombination durchkreuzen würde.

28. Te1—e2 Kh7—h8
29. b2—b3 Sg8—f6
30. Tb1—e1 Sf6—h7
31. Lc2—b1 Sh7—g5
32. Sf3:g5 h6:g5

Droht durch g4 die h-Linie zu öffnen.

33. Df2—f3 Dg7—d4†
34. Kg1—h2 Kh8—g7

Es droht wieder g4, in Verbindung mit Th8†.

35. Te2—f2 Dd4—e5

g4 wäre hier ein Schlag ins Wasser wegen 36. hg4: Lg4:, 37. Df4 usw. Schwarz möchte jetzt nach g4 hg4:, Dg5 spielen.

36. Te1—f1 Te8—h8
37. Kh2—g1!

Auf Df6† folgt Kg8 und der Damentausch wäre mit Rücksicht auf die Läufer dem Schwarzen willkommen.

37. ... Th8—h4

Wiederum droht g4.

38. Df3—e3! Th4—h6

Nun würde auf 38. ... g4 39. Sf5† folgen, z. B.: 39. ... Lf5:, 40. Tf5: gf5:, 41. Dg5:† Kf8, 42. Dh4: fe4:, 43. Tf6! Ke8, 44. Dg4: usw.

39. a2—a3 g5—g4
40. h3:g4 Ld7:g4
41. Tf2—f4 Lg4—d7

f5 hat 42. Df2 zur Folge.

42. De3—f2 Ld7—e8
43. Tf4—f5! De5—c3

gf5: scheitert an 44. Sf5:† Kg6, 45. Sh6: Kh6:, 46. Dd2† Kh7, 47. Tf5! Da1 (Nur das Damenopfer Sb3: 48. Te5: Te5: gewährt noch Widerstand.) 48. Th5† Kg8, 49. Dg5† Kf8, 50. Dh4! Db1:†, 51. Kh2, und Weiß gewinnt.

44. e4—e5! d6:e5

Es gibt nichts besseres, nun ist aber die schwarze Dame ausgeschaltet und der weiße Läufer gewinnt an Wirkungskraft.

45. Tf5—g5 Kg7—h7

Pariert die Doppeldrohung Df6† bzw. Sf5†.

46. Sg3—f5 g6:f5
47. Df2:f5† Th6—g6

Sonst gewinnt Weiß rascher, z. B. Kh8 48. Th5! De3†, 49. Kh2 Kg7 (e4 50. Df6† Kh7, 51. Tff5! und 52. Tfg5 usw.) 50. Dg4† Kf8 (Tg6 51. Lg6: fg6:, 52. Dh4! gh5:, 53. De7:†.) 51. Tf3 Dd2, 52. Dh4! Th5:, 53. Dh5: Td7, 54. Dh8† Ke7, 55. De5:† nebst 56. Te3.

48. Df5—f6! Dc3—d4†
49. Tf1—f2 Dd4—d1†
50. Kg1—h2 e5—e4

Der einzige Zug!

51. Df6:e7 Tg6—h6†
52. Kh2—g3 Dd1—e1

Es drohte nicht nur Le4:, sondern auch Tf7:†!

53. De7:e8 Del—e3†
54. Kg3—g4

Der König höchstpersönlich an der Front!

54. ... f7—f5†
55. Tg5:f5!

Auf Kf5: folgt Df2:† und Matt im nächsten Zuge, auf Tff5: Dauerschach durch De2† 56. Kf4 Df2†, 57. Ke5 Db2† usw.

55. ... Th6—g6†
56. De8:g6†!

Schwarz unterliegt nun dem Zusammenwirken der Türme.

56. ... Kh7:g6
57. Tf5—f6† Kg6—g7
58. Tf6—f7† Kg7—g8
59. Tf7—f8† Kg8—g7
60. Tf2—f7† Kg7—g6
61. Tf7—f6† Kg6—g7
62. Tf8—f7† Kg7—g8
63. Kg4—h5! De3—e2†
64. g2—g4 Aufgegeben.

Es war ein Titanenkampf!

64. Ungarische Partie

Nach gediegenem positionellen Kampf fällt die Entscheidung auf der offenen g-Linie.

Spielmann Rubinstein
Karlsbad 1907, Schönheitspreis.

1. e2—e4 e7—e5
2. Sgl—f3 Sb8—c6
3. Lf1—c4 Lf8—e7
4. Sbl—c3

Als energischer gilt d4!

4. ... Sg8—f6
5. d2—d3 d7—d6
6. h2—h3

Zwecks Einschnürung des Gegners.

6. ... Sc6—a5
7. Lc4—b3 Sa5:b3
8. a2:b3 0—0
9. 0—0 c7—c6
10. Sc3—e2 Dd8—c7

Als Vorbereitung von d5, was sofort wegen 11. ed5: Dd5:, 12. Sc3 Dd6, 13. Tel nicht gut anging, denn Weiß stünde stark in der e-Linie.

11. g2—g4! d6—d5
12. Se2—g3 Tf8—e8
13. Ddl—e2 d5:e4
14. d3:e4 g7—g6
15. Lcl--g5 Lc8—e6
16. De2—e3 a7—a6
17. Sf3—el Sf6—d7
18. Lg5:e7 Te8:e7
19. De3—h6 Ta8—d8
20. Kgl—h2 f7—f6

Weiß drohte bereits mit 21. Sf5. Schwarz trifft Vorkehrungen gegen eine eventuelle Öffnung der g-Linie.

21. Sel—d3 Te7—g7
22. Tfl—gl Sd7—f8

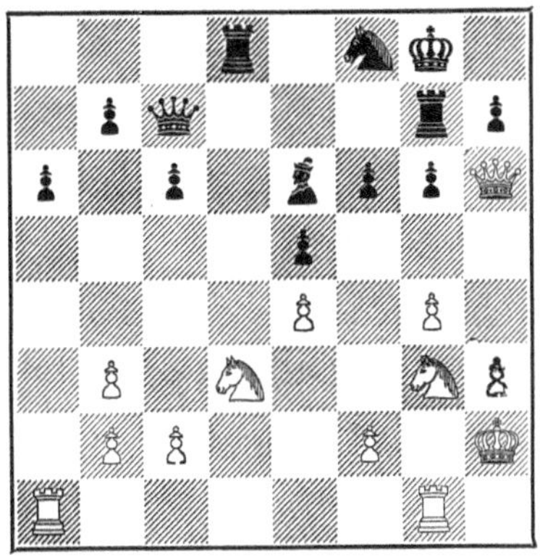

23. Sg3—f5! Le6:f5

Auf Tf7 folgt 24. Dh4, drohend 25. Sh6†, und auf 23. ... gf5: gewinnt 24. gf5: die Figur sofort zurück.

24. g4:f5 Td8—d4

Nach gf5:? gewinnt 25. Tg7:† Dg7:, 26. Tgl Sg6, 27. Dg7:† Kg7:, 28. ef5: eine Figur.

25. Tgl—g4! Td4—d7
26. Sd3—c5 Td7—e7
27. Tal—gl Dc7—d6
28. Sc5—d3 a6—a5
29. h3—h4!

Damit droht 30. h5! g5, 31. Tg5:!

29. ... Dd6—c7
30. Tg4—g3 Te7—f7

Man vergleiche diese Partie mit der Nr. 42 zwischen denselben Gegnern.

31. f2—f4!

Die letzten Reserven!

31. ... Dc7—e7

ef4: 32. Sf4: g5, 33. Sh5! gh4:, 34. Sf6:† Kh8 (Tf6:? 35. Dg7:† Dg7:, 36. Tg7:† Kh8, 37. Tg8‡.) 35. Dh4:† führt zu einer hoffnungslosen Stellung.

32. f4:e5 f6:e5
33. Tg3—g5!

Schwarz ist total verloren, es droht h5,und sogar der Be5 schwebt in Gefahr.

33. ... Sf8—d7
34. f5:g6 h7:g6
35. Tg5:g6 Sd7—f6

Auf Sf8 folgt Generalabtausch auf g7 und darauf Se5:.

36. Tgl—g5 Sf6:e4
37. Tg5—h5 Aufgegeben.

65. Damenbauerspiel

In Colles Eröffnung bringt ein energischer Mattangriff, durch das Läuferpaar unterstützt, die Entscheidung.

Landau Böök
Kemeri 1937, I. Schönheitspreis.

1. d2—d4 d7—d5
2. Sgl—f3 Sg8—f6
3. e2—e3 e7—e6
4. Lfl—d3 c7—c5
5. c2—c3 Sb8—d7

Da Weiß mit Tempovorteil die Verteidigung des Damengambits übernommen hat, ist hier Sc6 richtiger.

6. 0—0 Lf8—d6
7. Sbl—d2 0—0
8. Tfl—el Dd8—c7

Schwarz will e5 durchsetzen, Weiß kommt um einen Zug zuvor.

9. e3—e4 c5:d4
10. c3:d4 d5:e4
11. Sd2:e4 Sf6:e4

Ein übereilter Tausch, statt dessen Sd5 12. Sd6: Dd6:, 13. Sg5 S7f6, 14. Df3 Db4! vorteilhafter erscheint: Dus Chotimirski—Bogoljubow Moskau 1925.

12. Tel:e4 Tf8—e8

Nach Sf6 13. Th4 droht 14. Lg5.

13. Te4—h4 Sd7—f8
14. Sf3—g5 h7—h6
15. Ddl—h5

Fünf Figuren bedrohen gleichzeitig die schwarze Königsburg!

15. ... e6—e5
16. Lcl—d2 e5:d4
17. Tal—cl Dc7—e7
18. Sg5—e4!

18. Tel Del:†!, 19. Lel: Tel:†, 20. Lfl Le6 würde für Schwarz Erleichterung bedeuten.

18. ... Sf8—g6
19. Ld2—g5! De7—e5

Wie leicht ersichtlich, würde 19. . . . f6, 20. Sf6:† gf6:, 21. Dg6:†, und 19. . . . hg5:, 20. Dh7† Kf8, 21. Dh8† Sh8:, 22. Th8:‡ zur Folge haben.

20. f2—f4! De5—d5

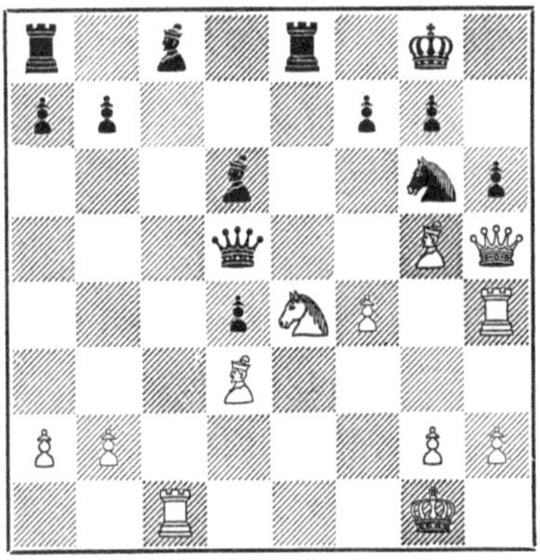

21. Se4—f6†!	g7:f6
22. Ld3:g6!	Ld6—f8

Keiner der beiden Läufer war zu schlagen: 22. ... fg6:, 23. Dg6:† Kf8, 24. Th6:; bzw. 22. ... fg5:, 23. Dh6: gh4:, 24. Lh7† Kh8, 25. Le4† usw.

23. Tc1—c7!

Der Höhepunkt der Kombination, die Reserven greifen ein.

23. ...	Lc8—e6

Der beste Zug, er rettet aber auch nicht.

24. Lg5:f6

Mit der netten Drohung 25. Dh6:!

24. ...	Dd5:h5
25. Lg6:h5	Te8—c8
26. Lh5:f7:†!	Kg8—h7

Auf Lf7: gewinnt 27. Tg4†.

27. Tc7:c8	Le6:c8
28. Lf6:d4	Lc8—f5
29. Th4—h5	Aufgegeben.

Das weitere Spiel ist mit zwei Bauern weniger hoffnungslos.

66. Königsgambit

Das schwarze Läuferpaar wütet auf den offenen Linien.

Tartakower — Burn

Karlsbad 1911, Schönheitspreis.

1. e2—e4	e7—e5
2. f2—f4	Lf8—c5
3. Sg1—f3	d7—d6
4. f4:e5	d6:e5
5. c2—c3	Sb8—c6
6. b2—b4	Lc5—b6
7. Lf1—b5	Sg8—f6!

Schwarz kümmert sich nicht um einen Bauern und spielt auf Angriff.

8. Sf3:e5	0—0
9. Se5:c6	b7:c6
10. Lb5:c6	Sf6:e4!
11. d2—d4	

Weiß ist bereits in der Klemme. Nach 11. La8: greifen die Läufer verheerend ein: 11. ... Lf2†, 12. Ke2 Lg4†; oder 12. Kf1 La6†, falls aber 11. Le4:, so folgt Dh4† usw.

11. ...	Dd8—f6!

Bedeutend stärker als das sofortige Schachbieten auf h4.

12. Lc6:e4

Die einzige Antwort.

12. ...	Df6—h4†
13. Ke1—d2	Dh4:e4
14. Dd1—f3	

Ein Verteidigungszug gegen Ld4:.

14. ...	De4—h4!
15. g2—g3	Dh4—g5†
16. Df3—e3	

Zweckmäßiger erschien es vermittels 16. Kc2 Lf5†, 17. Kb2, selbst um den Preis einiger Tempi, dem König einen halbwegs sicheren Schlupfwinkel zu schaffen.

16. ...	Dg5—d5
17. Th1—e1	Lc8—g4
18. Kd2—c2	a7—a5!
19. b4:a5	Ta8:a5

20. Lc1—a3 c7—c5!

Schwarz braucht zur Entscheidung um jeden Preis Linien.

21. d4:c5

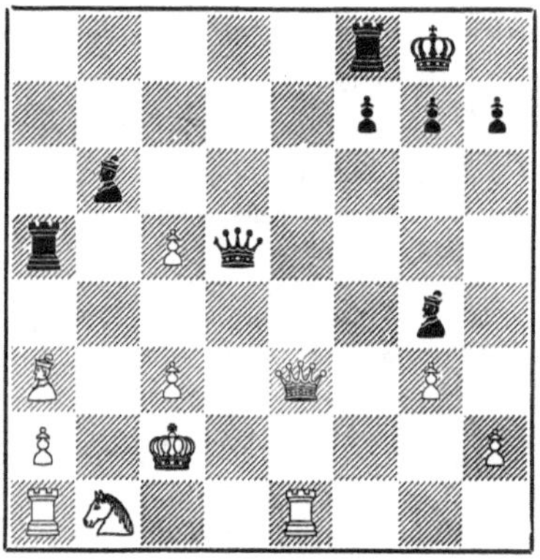

21. ... Ta5:a3!

Eine böse Überraschung!

22. Sb1:a3

cb6: wäre auch nicht besser, denn nach Ta2:† usw. dringt der Angriff durch.

22.	...	Lb6:c5
23.	De3—e5	Lg4—f5†
24.	Kc2—b2	Dd5—b7†
25.	Kb2—c1	Lc5:a3†
26.	Kc1—d2	Tf8—d8†
27.	Kd2—e3	

Ke2 ist noch ärger wegen Dg2† 28. Ke3 Td3‡ usw.

27.	...	Td8—d3†
28.	Ke3—f2	Db7—f3†
29.	Kf2—g1	Td3—d2
30.	De5—b8†	

Zu diesem „Racheschach" ist Weiß sozusagen verpflichtet.

30. ... La3—f8

Aufgegeben.

67. Spanische Partie

In Karlsbad wurden die meisten Schönheitspartien produziert. Weiß nutzt hier eine falsche Partieanlage seines Gegners zu einem rasanten Königsangriff aus.

Teichmann — Schlechter
Karlsbad 1911, Schönheitspreis.

1.	e2—e4	e7—e5
2.	Sg1—f3	Sb8—c6
3.	Lf1—b5	a7—a6
4.	Lb5—a4	Sg8—f6
5.	0—0	Lf8—e7
6.	Tf1—e1	b7—b5
7.	La4—b3	d7—d6
8.	c2—c3	0—0

Die von Tschigorin eingeführte andere übliche Methode besteht in Sa5 nebst c5 und Dc7

9. d2—d3

Schlechter wird mit eigenen Waffen angegriffen, vgl. Partie Nr. 75! Sofortiges d4 hat sich wegen Lg4 nicht sehr bewährt und der von Maróczy herrührende Vorbereitungszug 9. h3 war noch nicht bekannt, man betrachtete ihn als Zeitverlust.

9.	...	Sc6—a5
10.	Lb3—c2	c7—c5
11.	Sb1—d2	Sa5—c6
12.	Sd2—f1	Dd8—c7
13.	Sf1—e3	Lc8—b7

Der Läufer hat hier wenig Zukunft, gesunder war Le6.

14. Se3—f5

Teichmann greift sofort zu und nützt seine Chance glänzend aus.

14.	...	Tf8—e8
15.	Lc1—g5	Sf6—d7
16.	Lc2—b3	Sd7—f8
17.	Lb3—d5	

Mit der Drohung 18. Lc6: nebst 19. Se7:†.

17. ... Sf8—g6?

Schwarz steht schon sehr gedrückt, er sollte Ld8 versuchen.

18. Lg5:e7 Sg6:e7

Im Falle von Sce7: entscheidet 19. Lb7: nebst Sd6: usw.

19. Ld5:f7†! Kg8:f7
20. Sf3—g5† Kf7—g8

Es gibt keine Rettung! Nach Kf6 21. Sh7:† Kf7, 22. Dh5† g6 (Sg6 ergibt durch 23. Sh4 Sce7, 24. Sg6: Sg6:, 25. Df5† zweifachen Bauernverlust.) 23. Sg5† Kf6 gewinnt 24. Dh7!, z. B. gf5: 25. Df7† Kg5:, 26. Dg7† und Matt oder Damenverlust. Auf 20. ... Kg6 gewinnt 21. Dg4! h5, 22. Se7:† Te7: (Se7: 23. De6† Kg5:, 24. h4† und 25. Te3.) 23. Df5† Kh6, 24. Dh7†! Kg5:, 25. h4† und Dg6. Auch auf den Textzug folgt eine rasche Entscheidung.

21. Dd1—h5 Se7:f5
22. Dh5:h7† Kg8—f8
23. Dh7:f5† Kf8—g8

Nach Ke7 24. De6† Kd8, 25. Sf7† muß Schwarz die Dame geben.

24. Df5—g6!

Te3, g6! würde noch Rettung bringen, jetzt ist es aber aus.

24. ... Dc7—d7
25. Te1—e3 Aufgegeben.

Gegen Tf3 nebst Dh7‡ ist kein Kraut gewachsen.

68. Damengambit

Weiß verdichtet kleine Eröffnungsvorteile kunstgerecht zum Gewinn.

Eliskases Muffang
Warschauer Olympiade 1935, Spezialpreis.

1. d2—d4 d7—d5
2. c2—c4 d5:c4
3. Sg1—f3 Sg8—f6
4. e2—e3 e7—e6
5. Lf1:c4 a7—a6
6. 0—0 c7—c5
7. Dd1—e2 Sb8—c6

Die Fortsetzung b5 8. Ld3 Sbd7 hat sich besser bewährt.

8. a2—a3!

Hält den Springer fern, bereitet das spätere b4 vor und sichert dem Läufer den Rückzug.

8. ... b7—b5
9. Lc4—a2 Lc8—b7
10. d4:c5 Lf8:c5
11. b2—b4

Weiß entwickelt sich mit Tempogewinn.

11. ... Lc5—e7

Auch Lb6 kam in Betracht.

12. Lc1—b2 0—0
13. Sb1—d2 Dd8—b6
14. Sd2—b3 Tf8—d8
15. Ta1—c1 Ta8—c8
16. Sb3—c5

Weiß verdankt seine kräftige Stellung hauptsächlich seinem vorzüglichen 8. Zuge.

16.	...	Sf6—d5
17.	Tf1—d1	Lb7—a8
18.	La2:d5!	e6:d5
19.	Sf3—h4!	Sc6—b8

Auf Lh4: entscheidet Dg4, der König bleibt im Sturme allein.

20.	De2—g4	Le7—f6

Etwas besser war Lf8, obwohl Weiß auch darauf im Vorteil bliebe.

21.	Lb2:f6	Db6:f6

22.	Sc5—e4!	Df6—e6
23.	Sh4—f5!	g7—g6
24.	Tc1:c8	Td8:c8
25.	Sf5—e7†	Aufgegeben.

69. Französische Verteidigung

Die nachfolgende Partie war die erste in der Schachgeschichte, die einen Schönheitspreis erhielt.

Bird — Mason

New York 1876, Schönheitspreis.

1.	e2—e4	e7—e6
2.	d2—d4	d7—d5
3.	Sb1—c3	Sg8—f6
4.	e4:d5	e6:d5
5.	Sg1—f3	Lf8—d6
6.	Lf1—d3	0—0
7.	0—0	h7—h6

Kein sonderlich glücklicher Zug. Das Spiel gestaltet sich aber derart, daß Weiß nur spät zur Ausnützung der Schwäche des Königsflügels kommt.

8.	Tf1—e1	Sb8—c6
9.	Sc3—b5	Ld6—b4

Der mit diesem Zuge eingeleitete Plan ist unrichtig, denn der Läufer kommt auf einen schlechten Posten und Weiß kann seine Flügelbauern mit Zeitgewinn vorwärtsbringen.

10.	c2—c3	Lb4—a5
11.	Sb5—a3	Lc8—g4

Besser war es, mit Se7 und c6 dem bedrängten Läufer freie Bahn zu verschaffen.

12.	Sa3—c2	Dd8—d7
13.	b2—b4	La5—b6
14.	h2—h3	Lg4—h5
15.	Sc2—e3	Tf8—e8
16.	b4—b5	Sc6—e7
17.	g2—g4	Lh5—g6
18.	Sf3—e5	

Die weißen Pferde haben abwechselnd am Damen- und Königsflügel gearbeitet und stehen nun auch im Zentrum überwiegend. Jetzt macht sich die durch 7. ... h6 hervorgerufene Schwäche bemerkbar.

18.	...	Dd7—c8
19.	a2—a4!	c7—c6
20.	b5:c6	b7:c6
21.	Lc1—a3	

Es droht Le7: nebst Schlagen auf g6; Schwarz muß also Sorge tragen, den Druck gegen g6 abzuschütteln.

21.	...	Sf6—e4
22.	Dd1—c2	

Droht wieder Le7: und nachher f3.

22. ...	Se4—g5
23. La3:e7	Te8:e7
24. Ld3:g6	f7:g6
25. Dc2:g6	Sg5:h3†
26. Kg1—h2	Sh3—f4
27. Dg6—f5!	Sf4—e6

Nach dem Damentausch ginge ein Bauer verloren: Df5: 28. Sf5: Tc7, 29. Sc6:! usw.

28. Se3—g2	Dc8—c7

Auch Lc7 kam in Betracht, worauf Weiß 29. f4 geantwortet hätte. Nun folgen dramatische Wendungen.

29. a4—a5!	Lb6:a5
30. Ta1:a5!	Ta8—f8

Auf Da5: würde Weiß mit 31. Sg6! fortsetzen; aber wie nun?

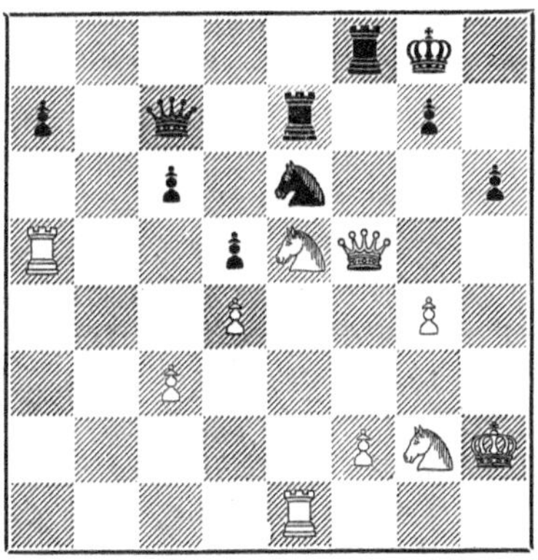

31. Ta5—a6!!	Tf8:f5
32. g4:f5	Se6—d8
33. Sg2—f4	Dc7—c8
34. Sf4—g6	Te7—e8

Schwarz stemmt sich mit dem Rücken gegen die Wand und wartet ab. 34. ... Da6: war nicht gut; es könnte 35. Se7:† folgen und der schwarze König gerät in ein Mattnetz, z. B. 35. ... Kf8, 36. Sg6† Ke8?, 37. Sc6:† Kf7, 38. Sd8:† nebst Matt oder Damenverlust; bzw. 35. ... Kh7, 36. S5g6, drohend Sd5: nebst Te8, mit sehr unbehaglicher Stellung.

35. Se5:c6?	Dc8—c7†

Nach Sc6: 36. Te8:† De8:, 37. Tc6: Kf7 vermögen wir keinen Gewinn für Weiß zu entdecken. Was steckt in diesem Opfer, das der eine Spieler herbeiführte, der andere ablehnte?

36. Sc6—e5	

Von diesem Punkt an führt die weiße Kavallerie das große Wort.

36. ...	Dc7:c3
37. Te1—e3	Dc3—d2
38. Kh2—g2	Dd2:d4
39. f5—f6!	

Der unmittelbare Königsangriff beginnt.

39. ...	g7:f6
40. Ta6:f6	Sd8—e6
41. Te3—g3	Se6—g5
42. Se5—g4	Kg8—g7
43. Sg6—f4	Dd4—e4†
44. Kg2—h2	Sg5—h7

Auf Sf3† wäre 45. Tf3:! die Antwort.

45. Sf4—h5†	Kg7—h8
46. Tf6:h6	

Damit ist der Kampf entschieden. Der schwarze König kann nicht entrinnen; es droht Shf6.

46. ...	De4—c2
47. Sh5—f6!	Te8—e7
48. Kh2—g2!	d5—d4
49. Sg4—e5	Dc2—c8
50. Se5—g6†	Aufgegeben.

Die Partie würde auch heutzutage Aufsehen erregen.

70. Sizilianische Partie

„Der Newton des Schachspiels", wie Tartakower den ungarischen Großmeister bezeichnete, hat in der folgenden Partie eine seiner berühmtesten Leistungen vollbracht.

Maróczy	Euwe
Scheveningen 1923,	Spezialpreis.
1. e2—e4	c7—c5
2. Sg1—f3	Sb8—c6
3. d2—d4	c5:d4
4. Sf3:d4	Sg8—f6
5. Sb1—c3	d7—d6
6. Lf1—e2	

Neuerdings spielt man auch g3.

6. ...	e7—e6
7. 0—0	Lf8—e7

Diese Form der Verteidigung, die sog. Scheveninger Variante, wurde von holländischen Spielern analysiert und in Mode gebracht.

8. Kg1—h1

Ein wichtiger Baustein in dem Aufbau Maróczys. Der Zug soll nach geschehenem f4 jede Überraschung auf der frei gewordenen Diagonale b6—g1 ausschalten.

8. ...	0—0
9. f2—f4	Dd8—c7
10. Sd4—b3!	

Sb5, Db8 und a6 ergibt nichts für Weiß. Der Textzug ist nachhaltiger als die schablonenhafte Entwicklungsweise Le3 nebst Dd2, denn das Manöver Sc6—a5—c4 wirkt störend. Auf Sa5 würde nun Springertausch folgen.

10. ...	a7—a6
11. a2—a4!	

Gegen b5 gerichtet.

11. ...	b7—b6

Der Damenläufer findet nur auf diese Weise Verwendung, um den Preis der Bauernschwäche b6.

12. Le2—f3	Lc8—b7
13. Lc1—e3	Sc6—b4

Schwarz will sein einzig mögliches Gegenspiel, den Bauernvorstoß d5, verwirklichen.

14. Dd1—e2	d6—d5

Zu weiteren Vorbereitungen fehlt die Zeit, denn Weiß drohte 15. Df2.

15. e4—e5!

Weiß riegelt die Mitte ab und erhält freie Hand zum Königsangriff. Schwarz wird am linken Flügel Chancen haben, diese sind aber mit etwas Umsicht zu liquidieren.

15. ...	Sf6—e4

Nach erfolgtem Tausch unterbricht der verbleibende Be4 die Läuferschräge; besser war daher Sd7, obzwar die weiße Mitte nach 16. Df2! Lc5, 17. Sd4 Sc6, 18. Sce2 und 19. c3 allen Angriffen standhält.

16. Lf3:e4	d5:e4
17. De2—f2	b6—b5

Es gibt nichts besseres. Nach Ld8 wäre die schwarze Stellung minder verteidigungsfähig.

18. a4:b5	a6:b5
19. Sb3—d4	Lb7—c6
20. Df2—g3!	

Der unmittelbare Königsangriff beginnt. Es droht f5 und eventuell Lh6.

20. ...	Ta8:a1
21. Tf1:a1	Tf8—b8

Räumungszug für den Läufer und zugleich Deckung für den Bauern. Trotz Bauernverlustes kam auch Ta8 in Betracht.

22. f4—f5! e6:f5
23. Sd4:f5 Le7—f8
24. Le3—f4! Tb8—a8
25. Ta1—c1!

Bedeutend besser als das naheliegende Tf1, worauf Sd5 26. Sd5: Ld5:, 27. e6 Dc4! unerwünschte Verwicklungen heraufbeschwören würde.

25. ... g7—g6

Es drohte Sg7:.

26. e5—e6 Dc7—b7
27. e6—e7! Lf8—g7

Bei Le7: 28. Se7:† De7:, 29. Ld6 wäre der Sb4 verloren.

28. Sf5:g7 Kg8:g7
29. Dg3—h4 f7—f6
30. Dh4—h6† Kg7—g8
31. Lf4—d6! Aufgegeben.

71. Sizilianische Partie

Ein würdiges Seitenstück zur vorigen Partie.

Maróczy — Canal

Karlsbad 1929, Schönheitspreis.

1. e2—e4 c7—c5
2. Sg1—f3 e7—e6
3. d2—d4 c5:d4
4. Sf3:d4 Sg8—f6
5. Sb1—c3 d7—d6

Lb4 führt zu halsbrecherischen Varianten, oder nach Sdb5 zu nichts, nur muß Schwarz sich hüten, den Be4 zu schnappen, denn es würde 6. Dd4! (Dg4 wurde versucht.) Lc3:†, 7. bc3: Sf6, 8. Dc5! folgen. Im übrigen verweisen wir auf die Anmerkungen der vorangegangenen Partie.

6. Lf1—e2 Lf8—e7
7. 0—0 0—0
8. Kg1—h1 Sb8—c6
9. Lc1—e3

Die Stellung ist nicht identisch mit jener der vorigen Partie und Maróczy weicht ab. Später äußerte er sich dahin, daß die Züge Kh1 und Le3 nicht zueinander passen.

9. ... Dd8—c7
10. f2—f4 Tf8—d8
11. Le2—f3 a7—a6

Falls Sa5, so 12. De2, und nun verbietet sich Sc4 wegen 13. Sdb5 usw. Trifft Schwarz Vorkehrungen, folgt Tad1 und auf Sc4 Lc1 usw.

12. Dd1—e1 Sc6—a5

Wie oben ausgeführt, nunmehr wirkungslos. In Betracht kam Ld7 und Tac8.

13. Ta1—d1 Sa5—c4
14. Le3—c1 Ta8—b8
15. g2—g4! d6—d5

Dieser Plan war nicht genügend vorbereitet, besser erscheint b5.

16. e4:d5 Sf6:d5
17. Sc3:d5 e6:d5
18. De1—g3!

Weiß steht ausgezeichnet, der Lc8 findet nur auf b7 ein Plätzchen, dort steht ihm aber sein eigener Bauer im Wege.

18. ... b7—b5
19. Dg3—g2 Lc8—b7
20. h2—h4! Le7—c5

Nach Lh4: 21. g5! findet der Läufer keinen Rückzug.

21. c2—c3

Am einfachsten. Nach 21. g5 Sd6 droht Se4, und 22. Ld5: Ld5:, 23. Dd5: Ld4:, 24. Dd4: Dc2: ist für Weiß nicht erstrebenswert.

21. ... b5—b4
22. c3:b4

Wieder am einfachsten.

22. ... Lc5:b4
23. b2—b3 Sc4—b6

Sd6? 24. Ld5: usw.

24. f4—f5

Die drei Musketiere nehmen eine höchst bedrohliche Haltung an.

24. ... Td8—e8
25. g4—g5 Lb4—c3
26. g5—g6! Lc3:d4

Es drohte gf7:† und nachher Se6!

27. Td1:d4 h7:g6

Schwarz bemerkt es rechtzeitig, daß sein Gegner nach Dc5 oder De5 durch 28. gf7:† und Lh5† Mattangriff bekäme.

28. f5:g6 f7—f6

fg6: 29. Tg4 führt zur raschen Katastrophe.

29. Lc1—f4 Dc7—c5
30. Tf1—d1 Te8—e5

Schwarz sucht sein Heil in diesem sinnvollen Plane.

31. Lf4:e5 f6:e5

32. Td4:d5!

Vernichtet die bedrohlichen Mittelbauern. Das Rückopfer bildet den raschesten Weg zum Gewinn, Schwarz gerät in ein Mattnetz.

32. ... Dc5—e7

Ld5: 33. Ld5:† Sd5:, 34. Dd5:† Dd5:, 35. Td5: gewinnt ebenfalls.

33. Td5:e5! De7:e5
34. Lf3:b7 De5—h5
35. Td1—d4 Tb8—e8
36. Dg2—e4! Dh5—b5
37. Lb7—d5† Kg8—h8
38. De4—f3! Sb6:d5
39. Td4:d5 Te8—e1†
40. Kh1—g2 Db5—e2†

Einzige Rettung, auf kurze Frist.

41. Df3:e2 Te1:e2†
42. Kg2—f3 Te2—e8
43. Td5—d6 Te8—a8
44. b3—b4 Kh8—g8
45. a2—a3 Aufgegeben.

72. Albins Gegengambit

Ein Bauernsechsschritt bringt die Entscheidung.

Tarrasch — Tartakower
Berlin 1920, Schönheitspreis.

1. d2—d4	d7—d5
2. c2—c4	e7—e5
3. d4:e5	d5—d4
4. Sg1—f3	c7—c5

Gebräuchlicher ist hier Sc6.

5. e2—e3	Sb8—c6
6. e3:d4	c5:d4

Schwarz hat einen starken Freibauern und droht nebenbei durch Se5: den Gambitbauern zurückzugewinnen.

7. Lf1—d3!

Sehr schlau gespielt!

7. ... Sg8—e7

Se5: ist wegen 8. De2 f6, 9. Se5: Da5†, 10. Kd1! nicht angängig. Weiß bekommt nach Te1 vorzügliches Spiel und gewinnt seinen Bauern zurück.

8. Sb1—d2	Lc8—g4
9. Dd1—b3	Dd8—c7
10. 0—0	0—0—0

Jetzt droht aber Se5: ernstlich.

11. Tf1—e1	Se7—g6
12. h2—h3	Lg4—e6

Nach Lf3: kann 13. Lf5† Kb8, 14. Sf3: Se5:, 15. Se5: Se5:, 16. Lf4 folgen. Weiß ist aus der Eröffnung etwas günstiger herausgekommen und hält seinen kleinen Vorteil fest.

13. Ld3—e4	Sg6:e5
14. Sf3:e5	Dc7:e5

Se5: verliert nach 15. Db7:† Db7:, 16. Lb7:† Kb7:, 17. Te5: einen Bauern. Diese Kombination ist auch in diesem Moment möglich, aber der schwarze König würde nach Db7:† und Lc6:† zum Kampfplatz näher stehen.

15. Sd2—f3

Der Doktor gibt „das Erstgeburtsrecht des Angriffs um das Linsengericht eines Bauern" nicht her. Der das tut, ist nach seinem geistreichen Ausspruch ein Esau!

15. ... De5—c5

16. Lc1—f4!

Eine schöne Kombination!

16. ... Lf8—d6

Lc4: geht nicht an wegen 17. Dc4:!! Dc4:, 18. Lf5† Td7, 19. Te8† Sd8, 20. Se5!; auf 16. ... Dc4: aber folgt 17. Dc4: Lc4:, 18. Lf5† Le6, 19. Te6: mit Bauernplus und Gewinnstellung.

17. Le4:c6	b7:c6
18. Lf4:d6	Td8:d6

Die Folge lehrt, daß Dd6: besser war.

19. Sf3—e5! Th8—d8

Ein hübscher Schluß ergäbe sich nach 19. ... f6, 20. Sf7! Lf7:, 21. Te7 Td7 22. Td7: Kd7:, 23. Db7†, und der Tal greift ein.

20. Db3—a4!

Droht b4 und c5 mit Turmgewinn.

20. ...	d4—d3
21. b2—b4	Dc5—d4
22. Se5:c6	Td6:c6

23. Da4.c6† Kc8—b8
24. c4—c5

Weiß muß noch sehr behutsam spielen, denn der vorgeschobene schwarze d-Bauer ist eine scharfe Waffe und könnte leicht Überraschungen bereiten.

24. ... d3—d2
25. Te1—d1 Le6—f5

Auf den in Betracht kommenden analogen Zug Lc4 könnten nach 26. b5 Le2, 27. b6 ähnliche Wendungen entstehen wie in der Partie.

26. Dc6—b5† Kb8—c7

Sonst folgt c6 mit sofortigem Gewinn.

27. Db5—a5† Kc7—b8
28. b4—b5! Lf5—c2

Besser war immerhin Td5, aber Weiß stünde nach 29. c6 Db6, 30. Db6:† ab6, 31. f3! Lc2, 32. Kf2 Ld1:, 33. Td1 fürs Endspiel bedeutend besser.

29. b5—b6! Td8—d7

Auf Dd7? folgt grausam Td2:, und auch ab6. 30. Db6:† Kc8, 31. Dc6†, oder 30. ... Ka8, 31. Da6† bedeutet raschen Ruin, denn es folgt 32. Tab1†!

30. b6.a7† Kb8—a8

Ta7 31. Dd2. usw.

31. c5—c6! Td7—d5
32. c6—c7! Lc2—f5

Traurige Notwendigkeit, doch hindert dies Weiß nicht an dem sechsten Bauernschritt hintereinander!

33. c7—c8D†! Lf5.c8
34. Da5—c7 Td5—b5
35. Dc7.c8† Ka8 a7

Die Bauern haben ihr Leben teuer verkauft!

36. a2—a4 Tb5—c5
37. Dc8—g4 Dd4:a1
38. Td1.a1 Tc5—c1†
39. Dg4—d1 Aufgegeben.

73. Französische Verteidigung

Das Finale ist einzigartig in der Schachliteratur ein Bauer setzt sich im 26. Zuge in Bewegung und erreicht als Hauptakteur im 33. Zuge mattbringend die letzte Reihe.

Mieses Bardeleben

Barmen 1905, I. Schönheitspreis.

1. e2—e4 e7—e6
2. d2—d4 d7—d5
3. Sb1—c3 Sg8—f6
4. Lc1—g5 Lf8—e7
5. Lg5.f6 Le7:f6
6. Sg1—f3

Eine Lieblingswaffe des großen Anderssen.

6. ... 0—0
7. Lf1—d3 c7—c5
8. e4—e5 c5.d4

Überkühn, gebräuchlich war Le7.

9. e5.f6 d4·c3
10. f6:g7

Lh7 † ist sehr verführerisch, ergibt aber nichts Kh7 11. Dd3† Kh6! (g6 oder Kg8 verlieren wegen 12. Sg5 nebst Dh3.), und der weiße Angriff reicht höchstens zum Dauerschach.

10. ... Kg8.g7
11. b2:c3

Auf Sg5 wäre f5 und h6 eine gute Abwehr.

11. ... Sb8—c6
12. Sf3—d4 e6—e5
13. Dd1—h5!?

Das Figurenopfer ist beinahe erzwungen, Schwarz hat zu starke Mittelbauern.

13. ... e5 d4
14. Dh5 h7† Kg7—f6
15. Dh7—h6† Kf6—e7
16. 0—0 Lc8—e6
17. Ta1—b1 Ta8—b8

Energischer war Dc7!, denn es stellt die Verbindung der Türme her und nimmt den schwachen Punkt h2 aufs Korn.

18. c3:d4 Tf8—h8

Auch so kommt Schwarz zum Angriff, während Sd4: wegen 19. Dh4† ein schwerer Mißgriff wäre.

19. Dh6—e3 Ke7—d7
20. f2—f4 f7—f5
21. Tf1—d1!

Weiß spielt unter schwierigen Umständen kaltblütig weiter und plant c4, dc4: d5! usw.

21. ... Dd8—h4

Nach Df6 22. c4! Dd4:, 23. Dd4: Sd4:, 24. cd5: Lf7 ginge der schwarze Springer durch 25. Tb4! in der Brettmitte verloren!

22. h2—h3 Th8—g8
23. Ld3—e2 Tg8—g3

In Betracht kam auch Tg6.

24. Le2—f3 Dh4:h3
25. Td1—e1 Le6—f7
26. c2—c4 Kd7—c7

Eine Verrechnung. Viel besser war Tbg8 und Weiß darf nach 27. Tb7 †? Kc8! sofort aufgeben.

27. c4:d5 Tb8—g8
28. Tb1 b7†! Kc7 b7

29. d5:c6† Kb7—a8?

Sorglosigkeit und Gipfelpunkt der fehlerhaften Kombination. Der schwarze König hat das vermeintliche Asyl erreicht, aber es wird sein Grab. Besser war das anscheinend gefährlichere 29. ... Kc8, denn die nach 30. De2 Lc4!, 31. Db2 Lb5! entstehenden Verwicklungen sind eher für Schwarz günstig 32. Ld5 T8g7, oder 32. Te2 Tf3:, 33. Db5: Tf1†!, 34. Kf1: Dh1†, 35. Kf2 Tg2:†, 36. Ke3 Dg1†, 37. Kd3 Dd1† usw. Nun ist ein kleines Problem entstanden Weiß zieht und setzt in wenigen Zügen matt.

30. c6—c7†

De8†! führte bedeutend rascher zum Ziele.

30. ... Tg3:f3
31. De3—e8†! Tg8:e8
32. Te1:e8† Aufgegeben,

der Bauer geht mit Schach in die Dame.

74. Damengambit

Es ist bis heute eine offene Frage, ob der isolierte Bauer in der Tarrasch-Verteidigung schwach oder stark ist. Hier greift er entscheidend in das Kampfgeschehen ein.

Burn Snosko-Borowski
Ostende 1906, Schönheitspreis.

1. d2—d4 d7—d5
2. c2—c4 e7—e6
3. Sb1—c3 c7—c5
4. c4:d5 e6:d5

Über das schärfere cd4: siehe Partie Nr. 87.

5. Sg1—f3 Sb8—c6
6. Lc1—g5 Lf8—e7
7. Lg5:e7 Sg8:e7

Schwarz hat seine Aufgabe vorläufig gelöst: der Bauer d5 ist derzeit ungefährdet.

8. e2—e3

Auf dc5: würde die Antwort d4! folgen.

8. ... c5:d4
9. Sf3:d4 Dd8—b6!

Bereits ein Angriffszug.

10. Sd4—b3 Lc8—e6
11. Lf1—d3 0—0
12. 0—0 Tf8—d8
13. Sc3—a4 Db6—c7
14. Ta1—c1 Dc7—e5!
15. Dd1—e2 Ta8—c8
16. f2—f4

Schwächt die Königsstellung. Weiß fühlt sich aber moralisch verpflichtet, anzugreifen. Die schwarze Stellung erweist sich jedoch als überaus widerstandskräftig.

16. ... De5—f6
17. f4—f5 Le6—d7

Das Schlagen des Bauern kostet eine Figur.

18. Sa4—c5 b7—b6
19. Sc5:d7 Td8:d7
20. g2—g4

Wer einmal „a" gesagt hat, muß auch „b" sagen.

20. ... Tc8—d8

Bereitet das Vordringen des Bauern vor. Überhaupt sind Zentrumsaktionen geeignet, Flügelangriffen vorzubeugen und sie zu widerlegen.

21. Kg1—h1 Td7—d6
22. Tf1—g1 Df6—g5
23. Tc1—f1

Etwas besser war Tcd1, um den schwarzen Türmen Widerpart zu halten.

23. ... d5—d4!
24. e3—e4

Sonst dringen die Türme ein.

24. ... Sc6—e5
25. Tg1—g3

Ratsamer erscheint Sc1, um auf den Läufertausch Sd3: zur Verfügung zu haben.

25. ... Se7—c6
26. Sb3—d2?

Wiederum schwächlich, immer noch sollte Sc1 geschehen.

26. ... Se5:d3
27. Tg3:d3 Sc6—e5
28. Td3—g3 d4—d3!
29. De2—g2 Td6—c6
30. Sd2—f3 Se5:f3
31. Dg2:f3

31. ... Tc6—c1!
32. Tg3—g1 Tc1:f1
33. Tg1:f1 Dg5—d2!
34. Tf1—b1

Traurig, aber auf andere Züge gewinnt Schwarz ebenfalls leicht.

34. ... Dd2—e2
35. Df3—g2 De2—e3
36. Tb1—d1 d3—d2
37. h2—h3 De3—e1†
38. Dg2—g1 De1—e2!
39. e4—e5 Td8—d3!

Aufgegeben.

75. Spanische Partie

Eine der berühmtesten Partien des Wiener Großmeisters. Nach feinem Positionsspiel verhilft ihm ein geistreiches Wertopfer zu entscheidendem Angriff.

Schlechter	Salwe
St. Petersburg 1909,	I. Schönheitspreis.

1.	e2—e4	e7—e5
2.	Sg1—f3	Sb8—c6
3.	Lf1—b5	a7—a6
4.	Lb5—a4	Sg8—f6
5.	0—0	Lf8—e7
6.	Tf1—e1	b7—b5
7.	La4—b3	d7—d6
8.	c2—c3	Sc6—a5
9.	Lb3—c2	c7—c5
10.	d2—d3	

Hier kommen noch d4, h3 oder a4 in Betracht, doch hat auch die geschlossene Behandlung manches für sich.

10.	...	Sa5—c6
11.	Sb1—d2	0—0
12.	Sd2—f1	Dd8—c7
13.	Lc1—g5	Sf6—e8

Das war nicht dringend und bedeutet nur Zeitverlust. Besser h6 oder Le6.

14.	Sf1—e3!	Le7:g5
15.	Sf3:g5	Sc6—e7

Gegen Sd5 war Sf6 naheliegender.

16. a2—a4!

Hier am besten, denn nach Öffnung der a-Linie kann Schwarz daselbst mit dem verbleibendem Turme nicht opponieren.

16.	...	Ta8—b8

Nach b4 folgt 17. d4 und jeder Tausch fördert das besser entwickelte weiße Spiel.

17.	a4:b5	a6:b5
18.	Dd1—d2	h7—h6
19.	Sg5—f3	Lc8—e6
20.	d3—d4	Sg8—f6
21.	Ta1—a6!	Tb8—a8
22.	d4:e5!	Ta8:a6?

Die Annahme des Qualitätsopfers führt zu einer verlorenen Stellung, denn die weißen Figuren greifen mit Tempogewinn ein; Se4:! sollte geschehen (Lasker).

23.	e5:f6	g7:f6

Nach Tarraschs Meinung bestand die beste Verteidigung in Sc8. Auf 23. ... Sg6 würde 24. fg7: Kg7:, 25. Sf5† Lf5: (Sonst ist die Lage noch ärger.) 26. ef5: Se5, 27. f6†! Kf6:, 28. Se5: de5:, 29. Dh6:† und Da6: folgen.

24.	Se3—d5!	Le6:d5

Öffnet den weißen Figuren Tür und Tor, es gibt aber nichts besseres.

25.	e4:d5	Kg8—g7

Tarrasch hat Sg6 26. Dh6: Tfa8, 27. Lg6: fg6:, 28. Dg6:† Dg7 empfohlen, wobei Weiß für die Qualität zwei Bauern besitzt.

26.	Sf3—h4	Tf8—e8

Es drohte ja Te7:.

27.	h2—h3	Dc7—d8

Die Drohung war wieder 28. Te7:, was sofort wegen Ta1† nicht angängig war. Nach 28. ... Te7:, 29. Sf5† Kf8, 30. Dh6:† Ke8, 31. Sg7† Kd7 greift der Läufer mit 32. Lf5† und Mattangriff ein. Der Damenzug räumt also dem König das Feld c7, jetzt naht aber das Übel von der anderen Seite.

28.	Te1—e3	Se7—g6

Auf Sg8 entscheidet Tg3† nebst Tg8:†! usw.

29.	Sh4—f5†	Kg7—f8

30. Te3—e6! Te8:e6

Auf fe6: folgt Matt in zwei Zügen.

31. d5:e6 d6—d5
32. Dd2:h6† Kf8—e8
33. e6:f7† Ke8:f7
34. Dh6—h7† Kf7—e6
35. Dh7:g6 Ta6—a2
36. b2—b4! c5:b4
37. Sf5—d4† Ke6—d7
38. Lc2—f5† Aufgegeben,

die Dame ist verloren (Kd6 39. Dg3†).

(Nachdem die Partie ihr Ende gefunden hatte, wurde für Schwarz eine genügende Verteidigung: 22. ... Se4:!, 23. Dd3 d5! ausgeklügelt. Schlechters Opfer hielt also der Kritik nicht stand; vom sportlichen Standpunkt gesehen, ist aber die Partie eine der besten. Oft führen ungenügende Waffen eher zum Sieg, als genügende!)

76. Nimzoindische Verteidigung

Eröffnung und Mittelspiel drehen sich lange um Durchsetzung und Verhinderung des Zuges e3—e4. Als der Vormarsch bereits nicht zu hindern ist, beseitigt Schwarz den Bauern durch ein feines Qualitätsopfer.

Lilienthal Ragosin
Moskau 1935, Schönheitspreis.

1. d2—d4 Sg8—f6
2. c2—c4 e7—e6
3. Sb1—c3 Lf8—b4
4. a2—a3 Lb4:c3†
5. b2:c3 c7—c5
6. f2—f3 d7—d5

Schwarz will e4 nicht zulassen.

7. e2—e3 0—0
8. c4:d5 e6:d5

Viel stärker als Sd5:.

9. Lf1—d3 Sb8—c6
10. Sg1—e2 Tf8—e8
11. 0—0 a7—a6!

Weiß wird trachten, e4 durchzusetzen; Schwarz trifft also Gegenmaßnahmen auf dem Damenflügel.

12. Dd1—e1 b7—b5
13. De1—f2

Es droht bereits e4, der Bd4 ist dabei geschützt und nach Linienöffnung wird der Bf7 in Mitleidenschaft gezogen.

13. ... Lc8—e6!
14. h2—h3

Sofort e4 war noch unmöglich wegen de4: 15. fe4: cd4:, 16. cd4: Sg4!

14. ... Ta8—a7!

15. e4 ist damit für lange Zeit verhindert, denn nach de4: 16. fe4: cd4:, 17. cd4: folgt Lc4! 18. Lc4: bc4:, 19. e5 Se4, wobei der Punkt f7 gedeckt bleibt und Schwarz im Besitze von c4 und e4 ausgezeichnet stünde.

15. Lc1—d2 Dd8—b6
16. Tf1—b1 Ta7—e7
17. a3—a4 c5—c4
18. Ld3—c2 Le6—c8

Nun drohte bereits wieder e4, denn Schwarz hat jetzt keine Gelegenheit mehr, auf d4 zu schlagen.

19. Se2—g3 h7—h5!
20. Sg3—e2

Jetzt würde 20. e4 an h4! scheitern.

20. ... Sc6—d8
21. Ta1—a2

Eine neue Drohung taucht auf: 22. ab5: ab5:, 23. Tab2 Ld7, 24. La4, mit Bauerngewinn.

21. ... Lc8—d7
22. a4:b5 a6:b5
23. Tb1—a1 Ld7—c8
24. Ta2—b2 Lc8—d7
25. Df2—h4

Auf Tab1 würde nun Sb7 26. La4 Sd6 erfolgen, Weiß faßt also einen dritten Plan und will den schwachen Bh5 unter die Lupe nehmen.

25. ... Sd8—e6!
26. Kg1—h1

Das geplante Sg3 wäre ein schrecklicher Reinfall wegen g5!, und e4 ist vorläufig nicht durchzusetzen wegen de4: 27. fe4: Sf8, 28. e5 Te5: usw.

26. ... Se6—f8
27. Se2—g3

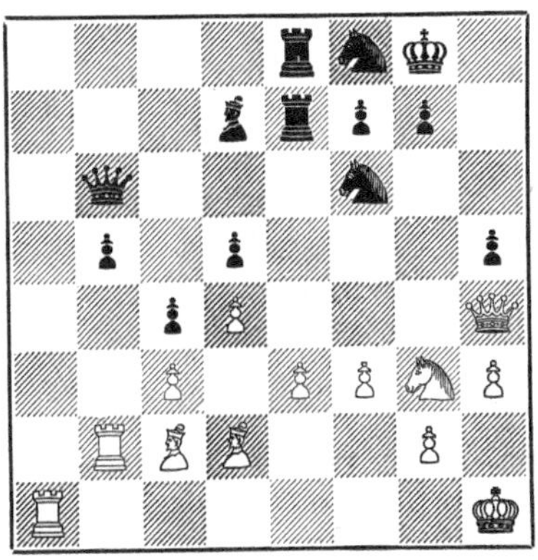

27. ... Te7:e3!

e4 war nur mehr auf diese Weise zu verhindern.

28. Ld2:e3 Te8:e3
29. Sg3:h5?

Viel besser war das sofortige Dg5; der Springer ist derart wichtig, daß sein Abtausch, selbst bei Bauerngewinn, kein lohnendes Geschäft war.

29. ... Sf6:h5
30. Dh4:h5 Ld7—c6
31. Dh5—g5

Auf Ta3 könnte Tc3:! 32. Tc3: Dd4: usw. folgen.

31. ... Te3:c3!
32. Dg5—d2 Tc3:c2!

Nicht etwa b4? 33. Dc3:! usw. Das zweite Qualitätsopfer bringt die Entscheidung, denn die beiden Türme erweisen sich den mächtigen Freibauern und gut postierten Leichtfiguren des Gegners gegenüber als ohnmächtig.

33. Tb2:c2 Sf8—e6
34. Ta1—d1

Nun fehlt der Springer!

34. ... b5—b4

Es droht La4.

35. Tc2—b2 b4—b3
36. Dd2—c3 Se6—c7
37. Tb2—e2 Db6—a7
38. Dc3—b4 Sc7—b5

Auf Ta1 oder Te7 wäre derselbe Zug erfolgt.

39. Te2—e7 Da7—a3
40. Db4—e1

Am besten.

40. ... c4—c3
41. Te7—e8†

Weiß kämpft bis zum letzten Atemzuge.

41. ... Lc6:e8
42. De1:e8† Kg8—h7
43. De8:f7

Nach Db5: c2!, 44. Dd3† g6 geht ein Bauer in die Dame, Weiß spielt also auf Dauerschach.

43. ... Da3—a8!
44. Td1—e1

Damit droht 45. Dh5† Kg8, 46. Te8† usw.

44. ... Sb5—d6
45. Df7—c7 c3—c2
46. Dc7:d6 b3—b2
47. Dd6—f4 Da8—c6!

Vermeidet die letzte Falle: 47. ... b1D? führt nach 48. Df5†! g6 zum Dauerschach. Ohne das Dazwischenstellen des Bauern g6 stünde Weiß nach 49. Tb1: auf Gewinn. Nach dem Textzug aber folgt auf 48. Df5† Dg6; auf 48. Dh4† Dh6 und ein Bauer erreicht das gelobte Land. Weiß streckte daher die Waffen. Eine Großkampfpartie.

77. Dreispringerspiel

Schwarz stolpert in der Eröffnung und kann seinen Fehler nicht gut machen. Die Schwächen verlagern sich von einem Punkt auf den anderen.

Leonhardt — Tarrasch
Hamburg 1910, Schönheitspreis.

1. e2—e4 e7—e5
2. Sg1—f3 Sb8—c6
3. Sb1—c3 Lf8—b4

Schwarz meidet das Vierspringerspiel, dazu war auch g6 geeignet.

4. Sc3—d5!

Einfach und gut.

4. ... Lb4—a5

Andere Läuferzüge sind auch nicht besser. Im Falle von Lc5 wird später d4 mit Tempogewinn folgen, und Le7 gibt ein gedrücktes Spiel. In Betracht kam d6 oder Sf6.

5. Lf1—c4 d7—d6
6. 0—0 Sg8—f6
7. d2—d3 h7—h6?

Gegen Lg5 gerichtet, erweist sich aber nach eingehendem Studium als Fehler. Sd5: oder Le6 sollte geschehen.

8. c2—c3 Sf6:d5

Konsequenter war schon 0—0, doch bliebe der schwarze Damenflügel nach b4 und a4 empfindlich schwach.

9. e4:d5! Sc6—e7
10. d3—d4!

Damit ergreift Weiß die Führung.

10. ... e5:d4

Nach e4 11. Sd2 f5, 12. Dh5† (Oder auch f3.) g6 13. Dh4 verspricht die schwarze Stellung wenig Gutes; nebenbei muß Schwarz auch mit der Eventualdrohung Da4† rechnen.

11. Dd1—a4† c7—c6
12. d5:c6 b7:c6
13. Sf3:d4 Lc8—d7
14. Tf1—e1! Ke8—f8

0—0 zieht 15. Te7: nebst Da5: nach sich; auf 14. ... c5 aber folgt 15. Sc6 usw.

15. Lc1—f4 La5—c7

c5 16. Dd1! cd4:, 17. Ld6: Le6, 18. Le6: Dd6:, 19. Df3 wäre grausam.

16. Da4—a3! Se7—c8

Schwarz ist auf drei Reihen zusammengedrängt, während Weiß vier beherrscht. Leonhardt stellt in weiteren 10 Zügen seinen Vorteil klar.

17. Te1—e3 Kf8—g8
18. Ta1—e1 d6—d5
19. Lf4:c7 Dd8:c7

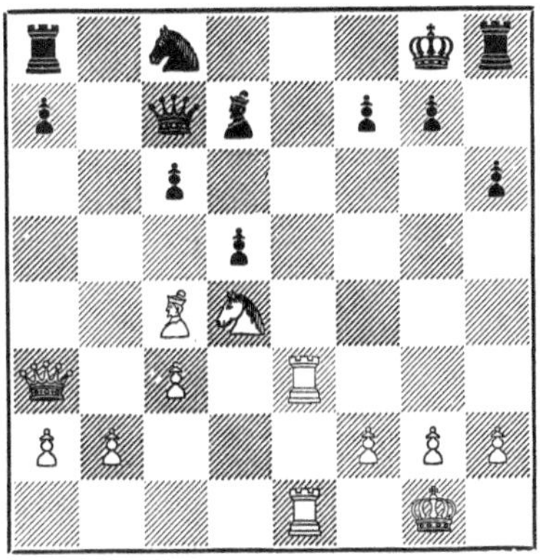

20. Te3—e8†! Ld7:e8
21. Te1:e8† Kg8—h7
22. Lc4—d3† f7—f5

Auf g6 gewinnt 23. Th8:† Kh8:, 24. Df8† Kh7, 25. Sf5! De5, 26. Df7:† Kh8, 27. Df8† Kh7, 28. Dh6:† Kg8, 29. Dg6:† ohne Mühe, und nach 25. ... f6, 26. Dh6:† Kg8, 27. Dg6:† Kf8, 28. Df6:† behält Weiß bei andauerndem Angriff drei Bauern für die Qualität.

23. Te8:h8† Kh7:h8
24. Da3—f8† Kh8—h7
25. Ld3:f5† g7—g6
26. Lf5:g6†! Schwarz gab die Partie auf, er verliert die Dame. Der deutsche Jungmeister hat den Angriff schneidig durchgeführt.

78. Damenbauernspiel

Eine interessante, charakteristische Partie. Schwarz baut sich nach seinen eigenen Prinzipien auf. Einige Ungenauigkeiten genügen dem erfindungsreich spielenden Gegner jedoch, um durch eine geistreiche Kombination das Spiel zu entscheiden.

Janowski Tarrasch
Ostende 1905, I. Schönheitspreis

1. d2—d4 d7—d5
2. Sg1—f3 c7—c5
3. c2—c3

Weiß übernimmt mit einem Tempo mehr die slawische Verteidigung.

3. ... e7—e6
4. Lc1—f4 Dd8—b6
5. Dd1—b3!

Die beste Antwort! Nach Dc2 oder Dc1 stünde die Dame später dem Tc8 gegenüber unbequem, während auf Dd2 gelegentlich Se4 unangenehm sein könnte.

5. ... Sg8—f6

Besser als c4, denn darauf könnte bereits Dc2 folgen.

6. e2—e3 Sb8—c6
7. h2—h3

Janowski erwartet einen schweren Stellungskampf und trachtet daher, seinen Läufer zu behalten.

7. ... Lf8—e7
8. Sb1—d2 Lc8—d7
9. Lf1—e2 0—0
10. 0—0 Tf8—c8
11. Sf3—e5 Ld7—e8
12. Lf4—g3 Sf6—d7
13. Sd2—f3 Sd7—f8
14. Tf1—d1 Sc6—a5

Schwarz plant f6 und macht vorher die Felder d7 und c6 frei, damit Weiß seinen Springer nicht durch Abtausch verwerten kann.

15. Db3—c2!

Viel besser als der Damentausch. Im Besitze der offenen a- und c-Linien würde Schwarz die Oberhand erhalten.

15. ... c5—c4

Hier trifft der deutsche Großmeister nicht den besten Zug. Durch diese Abriegelung des Damenflügels kommt Weiß in die Lage, sein volles Augenmerk auf den anderen Flügel zu richten. Besser war das sofortige f6.

16. Sf3—d2!

Macht dem anderen Springer Platz und bereitet e4 vor.

16. ... f7—f6
17. Se5—f3 Le8—g6
18. Dc2—c1 h7—h6

Wohl gegen Sh4 gerichtet, zweckmäßiger war aber Ld6 und nach erfolgtem Tausch ein Vorgehen am Damenflügel. Lg6 kann ohnehin nicht lange auf der Schrägen b1—h7 verweilen, denn nach e4 und ed5: wird er zur Verteidigung des Bd5 nötig sein.

19. Sf3—h2 Db6—d8
20. Le2—f3! b7—b5

Ob gut oder schlecht: f5 war trotz der Schwächung des Feldes e5 notwendig,

21. e3—e4! Sa5—c6
22. e4:d5 e6:d5
23. Td1—e1 b5—b4
24. Sd2—f1 b4:c3
25. b2:c3 Dd8—a5
26. Sf1—e3 Lg6—f7

Es gibt kaum etwas besseres, nun wird aber das Feld b1 frei.

27. Dc1—d2!

Auf das verlockende 27. Sc4: folgt nicht dc4: 28. Lc6: Tc6:, 29. Te7: sondern 27. ... Da6!, 28. Se3 Sd4: mit Gegenchancen für Schwarz.

27. ... Le7—a3

Deckt die angegebene Drohung, doch war Sg6 besser.

28. Ta1—b1 Sf8—d7
29. Tb1—b7! Sd7—b6
30. Se3—f5 Da5—a6

Darauf überrumpeln die weißen Figuren den schwarzen König, es gab aber bereits kaum eine Rettung, z. B. Lf8 31. Sg4! Da6, 32. Sfh6:† gh6:, 33. Sf6:† Kg7, 34. Sh5† Kg8, 35. Tf7: Kf7:, 36. Df4† Kg8, 37. Dg4† Kh8, 38. Sf6 usw.

31. Sf5:h6†! g7:h6
32. Tb7:f7! Kg8:f7
33. Dd2:h6 Kf7—g8

Es drohte 34. Lh5†.

34. Dh6—g6† Kg8—h8
35. Dg6:f6† Kh8—g8
36. Df6—g6† Kg8—h8
37. Te1—e5! Aufgegeben,

der schwarze König steht ganz allein der feindlichen Streitmacht gegenüber.

79. Bogoljubow-Variante

Der Holländer hat seinen österreichischen Gegner wohl etwas flott behandeln wollen und zog dabei den Kürzeren. Auch die Olympiaden brachten schwere Positionskämpfe hervor.

Grünfeld Euwe

Londoner Olympia 1927, I. Schönheitspreis.

1. d2—d4 Sg8—f6
2. Sg1—f3 e7—e6

3. c2—c4 Lf8—b4†
4. Lc1—d2 Dd8—e7

Dieser Zug stammt von dem dänischen Großmeister Nimzowitsch.

5. g2—g3

Die Flankenentwicklung ist eine starke und damals noch ziemlich unbekannte Waffe.

5. ... 0—0
6. Lf1—g2 Lb4:d2†
7. Sb1:d2

Auch Dd2: kam in Betracht.

7. ... d7—d6
8. 0—0 e6—e5
9. e2—e4!

Auf d5 wäre e4 und e3! die Antwort.

9. ... Lc8—g4
10. d4—d5 De7—d7
11. Dd1—b3 b7—b6?

Ein oberflächlicher Zug. Weiß kommt darauf in Vorteil und hält ihn fest.

12. c4—c5! Sf6—e8

dc5: ist nicht sehr verlockend wegen 13. Se5:, und bc5: verbietet sich mit Rücksicht auf den Qualitätsverlust nach 13. Db7 Dc8, 14. Da8: Da6, 15. Tfe1! Lc8, 16. Lf1 Db6, 17. Sc4 Da6, 18. Sd6: usw.

13. c5—c6! Dd7—c8

Schwarz hat jetzt stets mit Schwierigkeiten zu kämpfen und kaum hat er die eine überwunden, stellt sich die nächste ein. Vorläufig gilt es, das Problem der Entwicklung am Damenflügel zu lösen.

14. Sf3—h4 a7—a5
15. f2—f3! Lg4—h3
16. f3—f4 Sb8—a6
17. Db3—c3 e5:f4

Es drohte f5 mit völliger Einengung.

18. g3:f4 Lh3:g2
19. Sh4—f5! Kg8—h8
20. Kg1:g2 Sa6—c5
21. Sf5—g3

Es drohte Se4:.

21. ... Se8—f6
22. Ta1—e1 Dc8—g4

Der Damenflügel ist endlich entwickelt, inzwischen sind aber die weißen Bauern marschbereit geworden.

23. h2—h3 Dg4—g6
24. Dc3—f3 Tf8—e8
25. Kg2—h2!

Sofort e5 wäre wegen de5: 26. fe5: Sd3 verfrüht.

25. .. Sf6—g8
26. Tf1—g1 Dg6—f6
27. e4—e5! Df6—g6

Auf de5: wäre 28. Sh5 eine starke Entgegnung.

28. Sg3—e4 Dg6—h6
29. Se4—g5!

Nun wird der schwache Punkt f7 gestürmt.

29. ... Te8—e7

Nach Dg6 folgt 30. Se6!, nach Tf8 aber 30. e6 usw.

30. e5—e6!

30. ... f7:e6
31. d5:e6 Ta8—f8

Se6:? verbietet sich natürlich wegen 32. Te6:!

32. Sg5—f7† Tf8:f7
33. e6:f7 Te7:f7
34. Tg1—f1 Sc5—e6

Soweit wäre Schwarz glimpflich davongekommen, Grünfeld verhindert aber sein weiteres Gegenspiel durch ein wohlberechnetes Bauernopfer.

35. Df3—g4 Se6:f4
36. Te1—e8! g7—g5

Erzwungen, denn es drohte Dc8, und Sh3: scheitert an 37. Tg8:†! usw.

37. Sd2—f3!

Weiß rüstet zum zweiten Mal gegen f7 und Schwarz ist gezwungen, dort nochmals die Qualität zu opfern.

37. ... Tf7—g7
38. Sf3:g5 Dh6—g6

Dg5: 39. Dg5: Tg5: 40, Tf4: führt zu einem völlig hoffnungslosen Endspiel.

39. Dg4:f4 Dg6:e8
40. Sg5—f7† Tg7:f7
41. Df4:f7 De8—e5†
42. Kh2—h1 De5—e4†
43. Df7—f3 De4:f3†
44. Tf1:f3 Kh8—g7
45. Kh1—g2 Sg8—f6
46. Kg2—g3 Kg7—f7
47. Kg3—f4 Kf7—e6
48. Tf3—e3† Ke6—d5
49. Kf4—f5 Kd5—d4
50. Te3—e7 Sf6—d5
51. Te7:h7 Kd4—c5
52. h3—h4 Kc5:c6
53. h4—h5 b6—b5
54. h5—h6 Aufgegeben.

80. Skandinavische Partie

Nach effektvollem zweifachem Bauernopfer bringt ein flotter Angriff rasche Entscheidung.

Mieses Möller
Stockholm 1906, Schönheitspreis

1. e2—e4 d7—d5

Mieses wird mit seiner eigenen Waffe angegriffen.

2. e4:d5 Dd8:d5

Sf6 ergibt das aussichtsreiche Kieler Gambit.

3. Sb1—c3 Dd5—a5
4. Sg1—f3

Für unternehmungslustige Spieler eignet sich hier der Gambitzug b4. Statt des Textzuges ist d4 gebräuchlicher; der geschehene Zug führt die Partie auf wenig erforschtes Terrain, wo der stärkere Kombinatoriker die besseren Chancen haben wird.

4. ... Sg8—f6
5. Lf1—e2 Lc8—g4
6. 0—0 e7—e6
7. Sf3—d4 Lg4:e2
8. Dd1:e2 c7—c6

Wie immer in dieser Eröffnung, ist Weiß auch hier besser entwickelt. Schwarz wehrt sich gegen Sb5 oder Db5†.

9. d2—d3 Lf8—e7

Vorsichtiger als Ld6, worauf der Anziehende durch 10. Se6: fe6:, 11. De6†: Le7, 12. Dc8† Dd8, 13. Db7: Sbd7, 14. Dc6: vier Bauern für seinen Springer erhalten würde.

10. a2—a3 0—0
11. b2—b4 Da5—c7

Statt dieses eingebürgerten Zuges war Dh5 besser, während Lb4:? an 12. Sb3 scheitern würde.

12. Lc1—b2 Le7—d6

Steht im Einklang mit dem vorigen Zuge, führt aber zu nichts. Vollentwicklung durch Sbd7 wäre vorzuziehen.

13. Sc3—e4!

Ein wohlüberlegter Zug! Das Bauernopfer verschafft dem Weißen eine vorzügliche Angriffstellung.

13. ... Ld6:h2†

Schwarz nimmt den Fehdehandschuh auf; nachträglich wird es aber klar, daß Sbd7 dringender war.

14. Kg1—h1 Lh2—e5
15. f2—f4! Sf6:e4

Es gibt nichts Besseres. Nach Lf4:? 16. Sf6:† gf6: entscheidet 17. Dg4† sofort.

16. d3:e4 Le5:f4

Schwarz nimmt auch das zweite Angebot an, in der Hoffnung, den Angriff durchhalten zu können. Nach dem minder ehrgeizigen Ld4: 17. Ld4: Sd7, 18. Dg4 e5, 19. Lb2 f6, 20. Tad1 Tad8, 21. Dd3 wäre der weiße Angriff weniger wirkungsvoll als in der Partie.

17. De2—g4 e6—e5

Auf Le5 folgt die Replik 18. Se6:!, auf 17. ... Lh6 jedoch 18. Tf6!

18. Sd4—f5 f7—f6

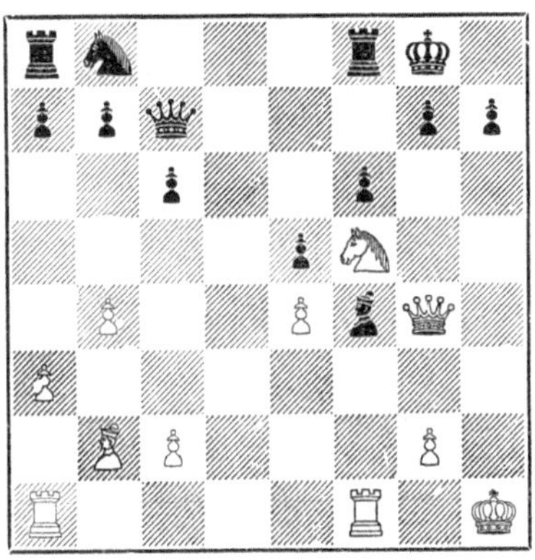

19. Tf1:f4!

Das Qualitätsopfer ist die energischste Fortsetzung. Kommt Schwarz zu Lg5, wird seine Festung uneinnehmbar sein.

19. ... e5:f4
20. Ta1—d1! Kg8—h8

Schwarz ist zu diesem Tempoverlust gezwungen, denn Sd7? wird sofort mit 21. Td7:! bestraft, und auf 20. ... g5 folgt reizend 21. Dg5:†!!

21. e4—e5!

Weckt die schlummernden Kräfte der weißen Stellung.

21. ... Dc7—f7

Auf fe5: folgt 22. Td6! Te8, 23. Le5:! Te5:, 24. Td8†, und Matt im nächsten Zuge. Die Vernachlässigung der Entwicklung rächt sich.

22. e5—e6 Df7—g6
23. e6—e7! Tf8—e8
24. Dg4:g6

Sofortiges Td8 war genau so wirkungsvoll.

24. ... h7:g6
25. Td1—d8 Sb8—a6
26. Sf5—d6 Ta8:d8
27. e7:d8D Te8:d8
28. Sd6—f7† Kh8—g8
29. Sf7:d8 c6—c5

Schwarz versucht noch das Unmögliche, seine drei Bauern sind aber gegen die vortrefflich stehenden Weißfiguren wertlos.

30. b4:c5 Sa6:c5
31. Lb2—d4 b7—b6
32. Ld4:c5!

Am einfachsten! Die entwerteten Bauern des Damenflügels fallen.

32. ... b6:c5
33. Kh1—g1 g6—g5
34. Kg1—f2 c5—c4

Auf Kf8 folgt natürlich 35. Se6†.

35.	Kf2—f3	Kg8—f8
36.	Sd8—c6	a7—a6
37.	Sc6—b4	Kf8—e7

Sonst gehen nach a5 38. Sc6 a4, 39. Sa5 c3, 40. Sb7 beide Bauern verloren.

38.	Sb4:a6	Ke7—d6
39.	Kf3—e4	Kd6—c6
40.	Ke4—d4	g5—g4
41.	Sa6—b4†	Kc6—b5
42.	Sb4—d5	g7—g5

f3 43. Sc3† nebst 44. gf3: bedeutet leichten Gewinn.

43.	Sd5:f6	g4—g3
44.	Sf6—e4	g5—g4

Oder f3 45. gf3: g3, 46. Sc3† nebst 47. Se2 usw.

45. Se4:g3! Aufgegeben, der weitere Widerstand ist aussichtslos.

81. Spanische Partie

Eröffnung, Mittel- und Endspiel sind in gleichem Maße interessant und aufregend.

Isbinski — Wjachirew

St. Petersburg 1909, Schönheitspreis.

1.	e2—e4	e7—e5
2.	Sg1—f3	Sb8—c6
3.	Lf1—b5	a7—a6
4.	Lb5—a4	Sg8—f6
5.	0—0	Sf6:e4
6.	d2—d4	b7—b5
7.	La4—b3	d7—d5
8.	d4:e5	Lc8—e6
9.	c2—c3	

Der Modezug ist heutzutage 9. De2, worauf Sa5 oder Lc5 als widerlegt gelten, Sc5 und Le7! jedoch etwa gleichwertige Antworten wären.

9.	...	Lf8—c5
10.	Sb1—d2	0—0
11.	Lb3—c2	f7—f5

Das zweischneidige Dilworthsche Opfer Sf2:?! 12. Tf2: f6!, 13. ef6: Df6:, 14. Df1! Lg4 (Smyslow—Botwinnik, Moskau 1943, besser aber 14. ... Se5) war zu jenen Zeiten noch unbekannt.

12. Sd2—b3

Die andere, vielleicht bessere Möglichkeit 12. ef6: i. V. Sf6:, 13. Sb3 Lb6, 14. Lg5 würde den lästigen Se4 ausschalten.

12.	...	Lc5—b6
13.	Sb3—d4	Sc6:d4
14.	Sf3:d4	Lb6:d4
15.	c3:d4	f5—f4
16.	f2—f3	Se4—g3!

Eine vielumstrittene Stellung, selbst jetzt, nach einem halben Jahrhundert, ungeklärt.

17. Tf1—e1

In dieser sog. Boleslawsky-Variante spielte te Kolsté gegen Tarrasch auf der Londoner Olympiade 1927 17. Tf2, ein Zug, zu dem nun auch Boleslawsky zurückgegriffen hat. Die Annahme des Opfers führt zu unklaren Verwicklungen in denen die neueste Weisheit nach dem Kenner Romanowsky wie folgt lautet: 17. hg3: fg3:, 18. Dd3! Lf5, 19. Df5: Tf5:, 20. Lf5: Dh4, 21. Lh3 Dd4:†, 22. Kh1 De5:, 23. Ld2 Db2:, 24. Lf4 d4!, 25. Le5! c5, 26. Tfd1 Tad8, 27. f4 c4, 28. f5, mit der Drohung f6.

17.	...	Dd8—h4
18.	Dd1—d2	Sg3—f5
19.	Lc2:f5	

Gegen das drohende Sd4: gibt es nichts besseres. Df4: Df4:, 20. Lf4: Sd4: wäre ganz schlecht.

19.	...	Tf8:f5
20.	Dd2—f2	Dh4—h6
21.	Kg1—h1	g7—g5
22.	g2—g4	f4:g3 i. V.
23.	Df2:g3	Kg8—h8
24.	Lc1—d2	c7—c5!

Mit Rücksicht auf das drohende Tac1 am besten. Auf dc5: würde nun d4 und Ld5 mit entscheidender Verstärkung der Stellung folgen.

25. Ta1—c1 c5—c4
26. a2—a4

Die einzige Möglichkeit zum Gegenangriff.

26. ... Ta8—f8
27. a4:b5 a6:b5
28. Tc1—a1 Dh6—h5
29. Te1—g1 h7—h6

Sicherung der schwarzen Stellung vor dem einsetzenden Sturm.

30. f3—f4

Wiederum die einzige Möglichkeit. Dg4 Dg4:, 31. fg4: Tf2, 32. Lc3 Lf5 verliert rasch.

30. ... Tf8—g8
31. f4:g5 Tf5—f3
32. Dg3—g2 Le6—h3!

Stärker als Lf5, denn nach 33. Tae1 könnte Weiß unter Umständen auf e4 die Qualität opfern.

33. Dg2—e2 Lh3—f5
34. g5:h6 Tg8:g1†
35. Ta1:g1

Auf Kg1: gewinnt Tg3†! sofort.

35. ... Lf5—e4

36. Tg1—g2 Tf3—g3

Eine schöne Wendung, aber Ld3 war zwingender, denn auf 37. Tg5 entscheidet dann Dh3, und auf Damenzüge Tf1† nebst Df3†.

37. De2:h5 Tg3:g2
38. Dh5—f5

Auf andere Züge geht die Dame durch Abzugschach verloren.

38. ... Tg2:d2†
39. Df5:e4 d5:e4

Es folgt noch ein aufregender Kampf zwischen den schwarzen Figuren und den weißen Freibauern.

40. e5—e6 Td2—d1†
41. Kh1—g2 Td1—a1
42. d4—d5

e7 Ta8, 43. d5 Kg8, 44. h7† Kf7! verliert rascher.

42. ... Ta1—a8
43. d5—d6 Kh8—g8
44. Kg2—f2

Resignation, denn auf h7† würde Kg7! folgen und die Bauern können nicht vorwärts.

44. ... b5—b4
45. Kf2—e2 c4—c3

b3 war ebenfalls gut, der schwarze Gewinn steht außer Zweifel.

46. b2—b3 c3—c2
47. Ke2—d2 Ta8—d8
48. d6—d7 Kg8—f8

Aufgegeben.

82. Sizilianische Verteidigung

Auf eine schlichte Eröffnung folgt ein aufregendes Mittelspiel, und eine prächtige Mattkombination krönt das Endspiel.

Tartakower   Maróczy

Karlsbad 1907, I. Schönheitspreis.

1. e2—e4   c7—c5
2. c2—c3

Alapins Idee bereitet dem Schwarzen kaum größere Sorgen als das alte Sf3 oder Sc3.

2. ...   e7—e6
3. d2—d4   c5:d4
4. c3:d4   d7—d5
5. e4:d5   e6:d5
6. Sg1—f3   Sg8—f6

In Betracht kaum auch Ld6 und Se7.

7. Lf1—d3

Zweckdienlicher war Lb5† Ld7, 8. Ld7:† Dd7:, 9. 0—0, denn nun ist Ld6 wegen Te1† unzulänglich.

7. ...   Lf8—d6
8. 0—0   0—0
9. Sb1—c3   Sb8—c6
10. Lc1—g5   Lc8—e6!

Lg4 führt zu Verwicklungen, bei denen man leicht stolpern kann.

11. Dd1—b3   Kg8—h8
12. Kg1—h1

Db7: wäre ein Mißgriff, denn nach Sb4 13. Le2 Tb8 14. Da7: Ta8 15. Db7 Ta5! wäre es um die Dame geschehen.

12. ...   Ta8—c8
13. Ta1—c1   a7—a6
14. Ld3—b1   b7—b5
15. Db3—c2   g7—g6
16. Dc2—d2   Ld6—e7
17. Sf3—e5

Es droht 18. Sb5:.

17. ...   Sf6—g8

Der einzige Zug, aber er genügt.

18. Lg5:e7   Sg8:e7
19. f2—f4

Ein allgemeiner Bauernsturm soll gegen die geschwächte Königsstellung eingesetzt werden.

19. ...   Le6—f5
20. Lb1:f5   Se7:f5
21. Sc3—e2

Der Bauer d4 muß verteidigt werden, denn 21. g4 Sfd4:, 22. Sc6: Sc6:, 23. Dd5: b4, 24. Dd8: Tfd8: führt zu nichts.

21. ...   Sc6—e7

Besser als Springertausch, denn nach 22. fe5: wäre die weiße Stellung stark.

22. g2—g4   Sf5—d6
23. Tc1:c8   Dd8:c8
24. Dd2—b4!   Dc8—d8!

Schwarz trifft den einzig richtigen Zug. Nach De6 würde Weiß durch 25. f5! gf5:, 26. Sf4 Dh6, 27. g5! gewinnen.

25. Db4—a3

Auch Tc1 war zu erwägen.

25. ...   f7—f6
26. Se5—d3   Dd8—d7!

Schwarz hat den Angriff abgeschlagen und rüstet nun selbst gegen den feindlichen Königsflügel.

27. f4—f5

Nach 27. Da6: Se4! wäre Schwarz Herr der Lage, z. B. 28. f5 gf5:, 29. gf5: Sf5:, 30. Sc5 Sc5:, 31. dc5: d4 (Drohend Dd5†.) 32. Sf4 Se3, 33. Tg1 d3!, und nun gewinnt auf 34. c6 Df5, auf 34. Dd6 Dd6:.

35. cd6: d2, 36. Se6 Tg8!, 37. Tb1 Tc8! — Der Kampf nimmt nach dem Textzug äußerst scharfe Formen an; Weiß opfert einen Bauern, um den Springer nach e6 führen zu können.

27. ... g6:f5
28. Sd3—c5 Dd7—c6
29. g4:f5 Se7:f5
30. Da3—d3

Da6: ist noch immer unangebracht wegen De8! 31. Sf4 De3; besser war aber, dem ursprünglichen Plane folgend, 30. Se6 Te8, 31. Sef4.

30. ... Tf8—e8!

Hier wendet sich das Blatt, Schwarz wird die angreifende Partei.

31. Se2—f4 Te8—e3
32. Dd3—d1 Dc6—e8
33. Sf4—g2

Sd5:?? Dc6.

33. ... Te3—h3

Te2 (Mit der Drohung Tg2:.) 34. Sf4 Tb2: gewann auf einfache Weise, die Spieler hatten aber bereits ihre volle Bedenkzeit verbraucht.

34. Dd1—g4

Die Verwicklungen steigern sich.

34. ... Th3—h5
35. Sc5:a6

Viel besser war Se6!; der Bauernraub läßt Weiß endgültig im Nachteil, denn sein Springer bleibt abseits vom Kampfgeschehen.

35. ... Th5—g5
36. Dg4—f4

Auf Dh3 gewinnt Dc8! sofort, z. B. 37. Da3 Sg3†, 38. hg3: Dh3†, 39. Kg1 Tg3: usw.

36. ... Sd6—e4
37. Tf1—c1 Se4—g3†!
38. h2:g3 Sf5:g3†
39. Kh1—h2 De8—h5†
40. Sg2—h4

Auf Dh4 käme die Antwort Se2!

40. ... Dh5—e2†
41. Kh2—h3

Nach Sg2 führen zwei Wege nach Rom: Se4 oder Th5†.

41. ... De2—e6†
42. Kh3—h2 De6—e2†
43. Kh2—h3 De2—e6†
44. Kh3—h2 De6—e2†
45. Kh2—h3 De2—e6†
46. Kh3—h2 Sg3—h5!
47. Df4—b8†

Verläßt die Dame diese Schräge, entscheidet Dd6†.

47. .. Tg4—g8
48. Sh4—g6†

Gegen das Mattnetz die einzige Verteidigung.

48. .. h7:g6
49. Db8:b5 De6—d6†
50. Kh2—h1 Dd6—f4
51. Tc1—c3 Df4—e4†
52. Kh1—h2 Tg8—e8
53. Db5—f1 De4:d4
54. Sa6—c7 Dd4—d2†
55. Kh2—h3 Te8—e2
56. Sc7:d5 Te2—h2†
57. Kh3—g4 f6—f5†

Aufgegeben. Die Folge könnte sein: 58. Kf3 Dd5:†, 59. Ke3 De4‡.

83. Spanische Partie

Eine nicht ganz fehlerfreie, aber durchweg aufregende und lehrreiche Partie. Die Schlußkombination ist eine der schönsten, die es gibt.

Duras — E. Cohn

Karlsbad 1911, Schönheitspreis.

1. e2—e4 e7—e5
2. Sg1—f3 Sb8—c6
3. Lf1—b5 a7—a6
4. Lb5—a4 Sg8—f6
5. d2—d3 d7—d6
6. c2—c4

Die beiden letzten Züge waren eine berühmte Waffe des tschechischen Großmeisters.

6. .. g7—g6
7. d3—d4

Gegenzüge, wie b5, d5 sind verhindert, Weiß öffnet also die Mitte.

7. ... e5:d4
8. Sf3:d4 Lc8—d7
9. Sd4:c6 b7:c6
10. 0—0 Lf8—g7
11. c4—c5 0—0

Schwarz steht etwas besser, er hat Weiß in der Entwicklung überholt, seinen Türmen winken zwei offene Linien und auch am Königsflügel stehen die Kleinfiguren nicht übel.

12. Sb1—c3 Dd8—e7
13. c5:d6 c7:d6
14. f2—f3

Stärker erscheint Te1, gelegentlich auch e5 drohend. Schwarz ergreift nun die Initiative.

14. ... d6—d5
15. Tf1—e1 d5—d4!
16. Sc3—e2

Dd4:? Sg4! und Schwarz erzwingt das tödliche Dc5† usw.

16. ... c6—c5
17. Se2—f4 Ld7—e6

Schwarz trifft nicht den richtigen Gegenzug, Lb5! hätte den errungenen Vorteil festgehalten.

18. b2—b3 Tf8—d8
19. Sf4—d3 Le6—d7

Schwarz möchte seinen begangenen Fehler wettmachen, c4 20. bc4: Lc4:, war aber nach Tarrasch richtiger.

20. La4:d7 Sf6:d7
21. Lc1—a3 Ta8—c8
22. Ta1—c1 Lg7—f8
23. Dd1—d2

Es droht 24. Da5.

23. ... De7—h4

Schwarz versucht es mit einer Gegendrohung.

24. g2—g3

Nach Da5 Ld6!, 25. e5 Lc7, 26. Da6: Ta8, 27. Db7 Ta3:, 28. Dc7: Ta2: dürfte Schwarz aufatmen.

24. ... Dh4—h5
25. Kg1—g2 c5—c4

Schwarz ergreift die sich bietende Gelegenheit und dringt mit seinem schwachen Bauern vor.

26. Sd3—f4 Dh5—e5
27. La3:f8 c4—c3
28. Dd2—d3 Sd7:f8
29. Sf4—d5

Nach Tarraschs Dafürhalten konnte Weiß durch Da6: in Vorteil kommen, denn die schwarzen Bauern sind nicht so gefährlich, wie man es auf den ersten Blick meinen könnte. Der Textzug droht 30. f4.

29. ... Td8:d5!?

Schwarz will aus der Stellung das Möglichste herausschlagen. Die Partie steht nun auf des Messers Schneide.

30. e4:d5 De5:d5
31. Te1—d1 Sf8—e6!
32. Dd3:a6

Auf das scheinbar energische Tc3: darf Weiß nach Tc3:! 33. Dc3: dc3:, 34. Td5: c2 die Waffen strecken.

32. ... Tc8—a8
33. Da6—e2 d4—d3

Auf andere Züge würde der materielle Vorteil des Weißen bald zur Geltung kommen.

34. Td1:d3 Dd5—g5!
35. De2—e3

Es gibt keinen anderen Zug, jetzt verfolgen aber die schweren Geschütze den bisher in Sicherheit verharrenden weißen König.

35. ... Ta8:a2†
36. Kg2—g1 Dg5—h5

Schwarz steht so vorzüglich, daß er trotz Qualitätsnachteils auf Gewinn spielen darf. In Erwägung kam auch De3:† 37. Te3: Sd4.

37. h2—h4 Dh5—f5
38. Td3:c3 Df5—h3

Wie kann nun der weiße König entschlüpfen?

39. Tc3—c8† Kg8—g7!

Nach Sf8, T8c2 würde sich der weiße b-Bauer nach einigen vergeblichen Schachs durchsetzen.

40. De3—e5† f7—f6
41. Tc1—c7† Kg7—h6

Nach Sc7:? 42. Tc7:† setzt Weiß in wenigen Zügen Matt.

42. De5—e3† g6—g5
43. h4:g5† Se6:g5?

Schwarz strauchelt im letzten Moment und gibt dem zähen Gegner zu einer glänzenden Schlußkombination Gelegenheit. Wie die meisten wildbewegten Partien, sollte auch diese nach 43. ... fg5:!, 44. De6:†! De6:, 45. Tc6 Ta1† usw. unentschieden enden, und auch nach 44. Th7:† Kh7:, 45. Dd3† Kg7, 46. Dd7† Kf6, 47. Tf8† Ke5, 48. f4† Ke4 kann Weiß nicht gewinnen.

44. Tc7:h7†! Kh6:h7
45. De3—e7† Kh7—g6
46. Tc8—g8† Kg6—f5
47. Tg8:g5†! Aufgegeben,

die Dame geht verloren.

84. Französische Verteidigung

Aus dem scharfen Eröffnungsgeplänkel geht Weiß mit hoffnungsvoller Stellung hervor. Ein Zaudern des Gegners gibt ihm die erwünschte Gelegenheit zu einer prächtigen Opferkombination, die der Weltmeister durch Damenopfer entkräften will. Der amerikanische Vorkämpfer führt das Spiel trotzdem in gerader Linie zum Siege.

Pillsbury Lasker
Nürnberg 1896, Schönheitspreis.

1. e2—e4 e7—e6
2. d2—d4 d7—d5
3. Sb1—c3 Sg8—f6
4. e4—e5 Sf6—d7
5. f2—f4 c7—c5
6. d4:c5 Sb8—c6
7. a2—a3 Sd7:c5

Wahrscheinlich war hier Lc5: besser; darauf wäre 8. Dg4 ungefährlich wegen 0—0 9. Sf3 Sd4! usw.

8. b2—b4 Sc5—d7
9. Lf1—d3 a7—a5

Schwarz möchte das Feld c5 in Besitz nehmen. In Betracht kam auch f5.

10. b4—b5 Sc6—b8
11. Sg1—f3 Sd7—c5
12. Lc1—e3 Sb8—d7
13. 0—0 g7—g6

Schwarz hat am Damenflügel Ordnung geschafft, Weiß inzwischen Zeit gewonnen. Es drohte f5.

14. Sc3—e2 Lf8—e7

Die Struktur der Stellung verlangte Lg7 und 0—0. Das gedrückte Spiel war nur durch minutiöseste Verteidigung zu halten.

15. Dd1—e1 Sd7—b6
16. Sf3—d4 Lc8—d7

Schwarz zögert so lange mit der Rochade, bis sie unmöglich wird und ruft derart das Schicksal gegen sich heraus.

17. De1—f2! Sb6—a4

Es drohte 18. Se6: usw.

18. Ta1—b1 h7—h5

Deckt zwar das stets drohende 19. g4, schwächt aber den Königsflügel. Besser erscheint 0—0 19. g4 f5!, wobei die bescheidenen schwarzen Läufer auch zu Wort kommen könnten.

19. b5—b6!

Eine neue Drohung taucht auf: 20. Lb5, Läufertausch und Sb5—c7 usw.

19. ... Sc5:d3

Nach Sb6: gewinnt 20. Se6: den Bauern bei vorzüglicher Stellung sofort zurück.

20. c2:d3 Le7:a3
21. f4—f5!

Damit beginnt der direkte Königsangriff.

21. ... g6:f5

Es gibt nichts Besseres.

22. Se2—f4 h5—h4

Auf andere Züge würde der Angriff durch 23. Dg3 verstärkt werden.

23. Tb1—a1! La3—e7

Auf De7 käme die Riposte 24. Sf5:! ef5:, 25. Sd5: usw.

24. Ta1:a4! Ld7:a4
25. Sd4:e6! f7:e6
26. Sf4:e6 La4—d7

Auf Dc8 folgt ein vernichtender Angriff: 27. Df5: (Droht 28. Lg5, in Verbindung mit Le7: und Df7‡.) Dc6 28. Lg5! Db6:†, 29. d4! Db4, 30. Df7† Kd7, 31. Le7: De7:, 32. Sc5† Kd8, 33. Sb7:† Kd7, 34. Sc5† Kd8, 35. Dd5:† Kc7, 36. Db7† Kd8, 37. Da8:† Kc7, 38. Db7† Kd8, 39. Db8‡. Deckt Schwarz die Drohung Lg5 im 27. Zuge durch Tg8, so folgt 28. Sc7† Kd8, 29. e6! Lc6, 30. Df7 Te8 (Tf8? 31. Df8:†! Lf8:, 32. Tf8:† Ke7, 33. Lc5‡.) 31. Dg7 nebst Tf7 und Lg5 usw.

27. Se6:d8 Ta8:d8

Schwarz leistet noch Widerstand, aber der Ausgang der Partie unterliegt keinem Zweifel.

28. Le3—c5 Td8—c8
29. Lc5:e7 Ke8:e7
30. Df2—e3 Tc8—c6
31. De3—g5† Ke7—f7
32. Tf1—c1! Tc6:c1†
33. Dg5:c1 Th8—c8
34. Dc1—e1! h4—h3

Nach a5—a4 gewinnt 35. Dh4: a3, 36. Dh7† Ke8, 37. Dg6† Kd8, 38. Df6† Ke8, 39. e6 usw.

35. g2:h3 Tc8—g8†
36. Kg1—f2 a5—a4
37. De1—b4 Tg8—g6
38. Kf2—f3 a4—a3
39. Db4:a3 Tg6:b6
40. Da3—c5 Tb6—e6
41. Dc5—c7 Kf7—e7
42. Kf3—f4 b7—b6
43. h3—h4 Te6—c6
44. Dc7—b8 Ld7—e8
45. Kf4:f5 Tc6—h6
46. Db8—c7† Ke7—f8
47. Dc7—d8 b6—b5
48. e5—e6 Th6—h7
49. Kf5—e5 b5—b4
50. Dd8—d6† Aufgegeben.

85. Slawisches Damengambit

Nach einem Fehlgriff des Gegners in der Eröffnung erlangt Schwarz die Initiative und gewinnt durch ausgezeichnetes Angriffspiel.

L. Steiner — Canal

Mährisch Ostrau 1933, I. Schönheitspreis

1. d2—d4 d7—d5
2. c2—c4 c7—c6
3. Sg1—f3 Sg8—f6
4. Sb1—c3 d5:c4
5. a2—a4 Lc8—f5
6. Sf3—e5 Sb8—a6

Laskers Zug; nach neuesten Erfahrungen ist Sbd7 besser.

7. f2—f3

Eine Neuerung, die sich nicht bewährt. Besser war das einfache e3 Sb4, 8. Lc4:, denn Sc2†? ist wegen 9. Dc2:! ein grober Fehler.

7. ... Sf6—d7!

Bogoljubows Empfehlung.

8. Se5:c4?

Viel besser war Sd7: Ld7:, 9. e4 e5!, 10. Lc4: ed4:, 11. Dd4: (La6:? dc3:, 12. Lb7: Tb8, 13. La6 Da5!) Sb4, 12. De5† De7, 13. De7:† Le7:, 14. Ke2, worauf der Vorteil des Schwarzen bedeutend geringer wäre als in der Partie.

8. ... e7—e5!

Vortrefflich!

9. e2—e4

Auf de5: gewinnt Dh4† sofort, während Schwarz nach 9. Se5: Se5:, 10. de5: Dd1:† in allen Abspielen einen Riesenangriff erlangt, z. B. 11. Sd1: Sb4!, 12. Kf2 Sc2, 13. Tb1 Lc5† usw., oder 11. Kd1: 0—0—0†, 12. Ld2 Sc5!

9. ... e5:d4!
10. e4:f5

Ein wenig besser war 10. Dd4: Sb4, 11. Se3 Le6, aber das drohende Sc5 verdirbt die Freude des Weißen.

10. ... d4:c3
11. b2:c3

11. Sd6† Ld6:, 12. Dd6: Da5!, oder 11. De2† Le7, 12. Sd6† Kf8, 13. Sb7: Db6, 14. Da6: cb2: gewinnen für Schwarz.

Diagramm umseitig!

11. ... Dd8—f6!
12. Dd1—c2 Sa6—b4!
13. Dc2—e4† Lf8—e7
14. Lc1—d2 0—0—0
15. De4—b1

0—0—0 kam wegen Sc5 nicht in Betracht.

15. ... Sd7—e5
16. c3:b4 Se5:c4
17. Lf1:c4 Df6—h4†
18. g2—g3 Dh4:c4
19. Db1—e4

Nach Dc1 Dc1:†, 20. Tc1: The8! stürzt die weiße Stellung zusammen.

19. ... Dc4:e4†

Am einfachsten, doch führte auch Dd4! zum Gewinn.

20. f3:e4 Td8—d4
21. b4—b5 Td4:e4†
22. Ke1—f2 Te4—e5
23. g3—g4 Th8—d8
24. Ld2—f4 Le7—c5†
25. Kf2—g2 Te5—e2†
26. Kg2—h3 Lc5—d6
27. Lf4—g3 Ld6:g3
28. h2:g3 g7—g5
29. b5:c6

Weiß bemerkt in großer Zeitnot die schwarze Drohung nicht, doch war seine Stellung auch nach dem besseren fg6: i. V. hg6:, 30. g5 auf die Dauer unhaltbar.

29. ... Td8—d6!
30. c6:b7† Kc8—b8

Aufgegeben.

86. Sizilianische Partie

Weiß behandelt die Eröffnung fürsorglich und genau; die erkämpften kleinen Vorteile verdichten sich zum Angriff und bringen die Entscheidung.

Snosko-Borowski Thomas
Nizza 1931, Schönheitspreis.

1. e2—e4 c7—c5
2. Sb1—c3

Die geschlossene Behandlung hat sich in Händen englischer Meister als gute Waffe erwiesen.

2. ... Sb8—c6
3. g2—g3 g7—g6
4. Lf1—g2 Lf8—g7
5. Sg1—e2 e7—e6

Ein anderes System bestand in d6 6. d3 Ld7, gründlich untersucht von Dr. Tartakower in dem Bericht über das Szén-Memorialturnier zu Budapest 1929.

6. d2—d3 Sg8—e7
7. 0—0 d7—d6

d5 würde den Wirkungskreis des weißen Läufers bedeutend erhöhen.

8. Lc1—e3 Sc6—d4
9. Dd1—d2!

Natürlich nicht Ld4:, weil nach cd4: und e5 Schwarz besser stünde. Der weiße Damenläufer ist wichtig, denn die schwachen Felder des schwarzen Königsflügels sollen in weißen Besitz genommen werden.

9. ... Se7—c6
10. Sc3—d1 Dd8—a5
11. Se2—c3!

Da5:? verliert nach Se2:† eine Figur.

11. ... Lc8—d7

Schwarz überspannt die Lage, 0—0 sollte geschehen.

12. Le3—f4! e6—e5

13. Lf4—h6! Ld7:h6
14. Dd2:h6 Sd4:c2
15. Sd1—e3!

Weiß hat sehr weit gerechnet, das Qualitätsopfer ist völlig korrekt.

15. ... Sc2:e3

Nach Sa1: entscheidet der Ansturm der beiden Springer: 16. Sc4 Dd8 (oder Da6 17. Sd6:† Ke7, 18. Sdb5.) 17. Dg7! Tf8, 18. Sd6:† Ke7, 19. Sb7: Db8, 20. Sd5† Ke8, 21. Sc5: Sc2, 22. Df8:†! Kf8:, 23. Sd7:† nebst Sb8: usw.

16. f2:e3

Weiß ist um den Preis eines Bauern alleiniger Herr in der f-Linie.

16. ... Ld7—e6
17. Lg2—h3! Le6:h3

Schwarz hat keine Wahl.

18. Dh6:h3 h7—h5

Auf das sofortige 0—0 wäre 19. Sd5 nebst Sf6† unangenehm.

19. Tf1—f6! Da5—d8
20. Ta1—f1 0—0
21. Sc3—b5 Dd8—c8
22. Dh3—g2 Sc6—d8
23. Dg2—f2!

Der Bd6 läuft nicht davon. Es droht 24. Tg6:† mit sofortiger Entscheidung.

23. ... Sd8—e6
24. Sb5:d6

Das Gleichgewicht verwandelt sich sofort in ein Übergewicht.

24. ... Dc8—d7
25. Sd6:f7 Se6—f4
26. e3:f4 Tf8:f7
27. Tf6:g6†:

Tf7: wäre weniger energisch.

27. ... Kg8—h7
28. Tg6—g5 Dd7:d3
29. Tg5:h5† Aufgegeben,

der weitere Kampf wäre aussichtslos.

87. Damengambit

Bis zum Schluß spannend und aufregend, eine schöne Positionspartie.

Havasi — Merényi
Budapest 1932, Schönheitspreis.

1. d2—d4 d7—d5
2. c2—c4 e7—e6
3. Sb1—c3 c7—c5
4. c4:d5 c5:d4
5. Dd1—a4†

Eine andere Behandlungsweise besteht in 5. Dd4: Sc6, 6. Dd1 ed5:, 7. Dd5: Le6, 8. Dd8:† Td8:, 9. e4! a6, 10. Le2 Sb4, 11. Kf1, mit Chancen für beide Teile. Weiß hat einen Bauern mehr, Schwarz ist in der Entwicklung voraus.

5. ... Lc8—d7

Auf Dd7 wäre 6. Sb5 eine starke Entgegnung.

6. Da4:d4 e6:d5
7. Dd4:d5 Sb8—c6
8. Lc1—d2

Maróczy befürwortet Dd1, denn nun gewinnt Schwarz durch Beunruhigung der feindlichen Dame mehrere Tempi.

8. ... Sg8—f6
9. Dd5—b3 Lf8—b4
10. Sg1—f3 0—0
11. e2—e3 Ld7—e6
12. Db3—c2

Auch Dd1 wäre nicht besser.

12. ... Ta8—c8

Schwarz ist vollentwickelt, das Bauernopfer hat sich bezahlt gemacht.

13. Lf1—e2 Tf8—e8
14. 0—0 Le6—g4
15. Tf1—d1 Dd8—e7
16. Ld2—e1

Die sofortige Befragung h3 war wahrscheinlich besser.

16. ... Sc6—e5
17. Sf3:e5 De7:e5
18. h2—h3

Eine nunmehr erzwungene Schwächung; die schwarzen Figuren stehen drohend.

18. ... Lg4—f5
19. Dc2—a4 Lb4—d6
20. Le2—f3 Lf5—d7
21. Da4—d4 De5—h2†
22. Kg1—f1 Ld6—e5
23. Dd4—b4

Weiß muß stets das drohende Tc3: und Lb5† berücksichtigen.

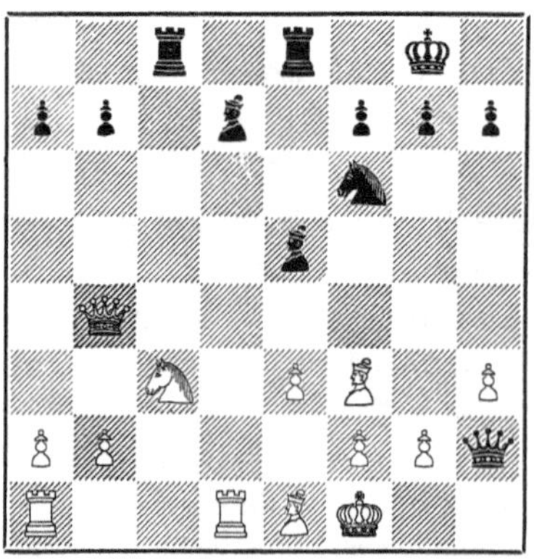

23. ... Ld7—e6!
24. b2—b3

Es drohte Lc4† mit Vernichtung.

24. ... Tc8—c7
25. Ta1—c1 b7—b6

Mit der Drohung Lc8 und La6†, aber die Partie gestaltet sich anders.

26. Sc3—b5 Tc7:c1
27. Td1:c1 Sf6—d5!
28. Db4—a4

Nach Ld5: Dh1†, 29. Ke2 Ld5: wäre der schwarze Angriff überaus heftig.

28. ... Sd5—f4!?!

Der Springer muß wegen Mattdrohung genommen werden, das Opfer ist aber mit Risiko verbunden. Das einfache a6! hätte leichter gewonnen.

29. e3:f4 Le5:f4
30. Lf3—e4

Mit Rücksicht auf das drohende Lc4†! nebst Dh1 Matt ist Weiß gezwungen, den Turm einstehen zu lassen.

30. ... Lf4:c1
31. Sb5—c7 b6—b5!?

Schwarz künstelt weiter. Nach Te7 oder Tf8 würde der Qualitätsvorteil bald entscheiden.

32. Da4:b5 Dh2—h1†
33. Kf1—e2 Le6—g4†
34. h3:g4 Te8:e4†
35. Ke2—f3?

Viel besser war Kd3, worauf Schwarz seinen verbleibenden kleinen Vorteil im Endspiel verwerten muß: 35. ... h6 (Nach f5 gewinnt 36. Dd5†.) 36. Ke4: De1:†, 37. Kd5 Dd2†, 38. Kc6 Df2:, 39. Dd5, und Weiß wird sich noch lange verteidigen können.

35. ... Te4—f4†
36. Kf3—g3 h7—h5
37. Db5—e8† Kg8—h7
38. f2—f3 h5—h4†
39. Kg3—f2 h4—h3!

Aufgegeben.

88. Nimzoindische Verteidigung

Schwarz erlangt Königsangriff und nimmt den Schlüsselpunkt der weißen Stellung im Sturm.

Stahlberg Aljechin
Hamburger Olympia 1930, I. Schönheitspreis.

1. d2—d4 Sg8—f6
2. c2—c4 e7—e6
3. Sb1—c3 Lf8—b4
4. Dd1—b3 c7—c5
5. d4:c5 Sb8—c6
6. Sg1—f3 Sf6—e4
7. Lc1—d2 Se4:c5
8. Db3—c2 f7—f5
9. a2—a3

Eine andere Möglichkeit war e3, um nach Le2, 0—0, Td1 usw. die Entwicklung zu beschleunigen.

9. ... Lb4:c3
10. Ld2:c3 0—0
11. b2—b4!

Der Zug kann nicht aufgeschoben werden, denn Schwarz würde ihn mit a5 verhindern.

11. ... Sc5—e4
12. e2—e3 b7—b6
13. Lf1—d3

Angezeigter war es, mit Lb2 den guten Läufer zu behalten.

13. ... Se4:c3
14. Dc2:c3 Lc8—b7
15. 0—0 Sc6—e7
16. Ld3—e2 Dd8—e8
17. Tf1—d1 Ta8—d8
18. a3—a4?

Weiß bemerkt nicht den einsetzenden Königsangriff, oder er unterschätzt ihn. Besser war De5, mit der Drohung Dc7.

18. ... f5—f4!
19. a4—a5 f4:e3
20. Dc3:e3 Se7—f5
21. De3—c3 d7—d6
22. a5:b6 a7:b6
23. Sf3—e1

Nach Ta7 Lf3:, 24. Df3: e5 setzt sich der Springer unvertreibbar auf d4 fest.

23. ... e6—e5
24. Ta1—a7 Sf5—d4
25. Dc3—e3 Td8—d7!

Droht Qualitätsgewinn durch Se2:† nebst Lf3!

26. Ta7—a2 Td7—f7

Das Lüftchen entfesselte sich zum Orkan und fegt in einigen Zügen die weiße Stellung hinweg.

27. f2—f3 Tf7—f4
Mit der Drohung Se2:† und e4!
28. Le2—d3 De8—h5!

Alle schwarzen Streitkräfte sind nach f3 gerichtet, und wieder droht e4!

29. Ld3—f1 Dh5—g5!

Droht Tf3:! nebst Matt oder Damengewinn.

30. Ta2—f2

30. ... h7—h6!

Deckt die Dame und droht somit erneut Tf3:! Jeder Tausch würde Schwarz dem Siege näher bringen.

31. Kg1—h1 Tf4:f3!

Also doch! Weiß kapitulierte, Matt oder entscheidender Materialnachteil ist nicht zu vermeiden (Dg5:Tf2:!).

89. Damengambit

Es dreht sich alles um Durchsetzung oder Verhinderung eines Bauernzuges. Und als es Weiß gelingt, seinen Plan auszuführen, ist auch der Kampf entschieden.

Janowski Rubinstein
Prag 1908, I. Schönheitspreis.

1.	d2—d4	d7—d5
2.	Sg1—f3	c7—c5
3.	e2—e3	e7—e6
4.	Lf1—d3	Sb8—c6
5.	0—0	Sg8—f6
6.	b2—b3	

Es entstand ein Damengambit mit vertauschten Farben und Rollen, somit mit Tempogewinn für Weiß.

6.	...	Lf8—d6
7.	Lc1—b2	0—0
8.	Sb1—d2	b7—b6!

Schwarz, ein Klassiker des Damengambits, rüstet gegen den Vorstoß e4.

9. Sf3—e5 Lc8—b7

Schwarz darf den Läufer nicht hergeben, denn Le5: 10. de5: Sd7, 11. f4 und 12. Sf3 wäre für Weiß günstig.

10. f2—f4 Sc6—b4

Keine glückliche Idee, denn offenbar wird Weiß seinen Läufer nicht tauschen lassen und der Springer wird unverrichteter Dinge zurückkehren müssen. Besser war Se7 und evtl. Sg6.

11.	Ld3—e2	Sf6—e4
12.	a2—a3	Sb4—c6
13.	Sd2:e4	d5:e4
14.	Dd1—e1	Dd8—c7
15.	Se5:c6	Dc7:c6

Ebenfalls minderwertig, Lc6: war selbstverständlich.

16. c2—c4!

Janowski plant nach entsprechenden Vorbereitungen d5, und sein Gegner widerstrebt dem mit allen Kräften. Von nun an bildet dies das Hauptmotiv der Partie.

16. ... f7—f5?

Der sonst so sichere russische Vorkämpfer greift zum drittenmal fehl. Hierauf wird Lb2 eine Großmacht, denn f7—f6 steht dem Verteidiger nicht mehr zu Gebote und auch Be6 wird schwach. Es ist allerdings möglich, daß Rubinstein f4—f5 befürchtete.

17.	Ta1—d1	Dc6—c7
18.	De1—g3	Tf8—d8

In Betracht kam Df7 und Dg6, um den Druck auf g7 abzuschwächen.

19.	h2—h4	a7—a5
20.	a3—a4!	Dc7—f7
21.	h4—h5	Ld6—e7
22.	Td1—d2	

Weiß stürzt sich bereits mit voller Kraft auf die d-Linie.

22.	...	Td8—d7
23.	Tf1—d1	Ta8—d8
24.	Dg3—h3	Df7—f8

Schwarz befindet sich in einer mißlichen Lage. Er sollte g5 versuchen. Dieser Zug ist zwar mit Gefahren verbunden, gibt aber Gegenchancen.

25.	g2—g4!	c5:d4
26.	Td2:d4	Td7:d4
27.	e3:d4	f5:g4

Logisch, dann nach gf5: wäre der Vorstoß d5 nicht zu verhindern; doch kam auch e5 in Frage.

28. Dh3:g4	Lb7—c8
29. Dg4—g3	Le7—f6
30. Dg3—e3	Lc8—b7

Der arme Läufer hat bloß Verteidigungsdienste zu übernehmen.

31. Le2—g4	Df8—d6
32. Lg4—h3	

Weiß macht Anstalten, seinen Stellungsvorteil in Materialvorteil umzuwandeln.

32. ...	e6—e5

Passives Verhalten würde sicheren Ruin bedeuten.

33. f4:e5	Lf6:e5
34. Td1—f1!	Le5—f6

Der d-Bauer war wegen des nach dem Tausch folgenden Le6† und Matt nicht zu schlagen.

35. Lb2—c3	Lb7—c8
36. Lh3:c8	Td8:c8
37. Kg1—g2!	

Beugt dem Schach nach De4: vor.

37. ...	Tc8—e8
38. h5—h6!	

Anfang vom Ende!

38. ...	Te8—e7

39. De3—h3!	g7:h6
40. Dh3—c8†	Kg8—g7
41. Dc8—g4†	Kg7—h8
42. d4—d5!	

Weiß hat also seinen Willen endlich durchgesetzt.

42. ...	Te7—f7
43. Tf1:f6!	Tf7:f6
44. Dg4—e6!	Dd6:e6
45. d5:e6	Kh8—g7
46. e6—e7	Kg7—f7
47. Lc3:f6	Aufgegeben.

90. Damenbauerneröffnung

Eine gute Partie von eiserner Konsequenz und genauer Durchführung.

Maróczy . Janowski
Wien 1902, Schönheitspreis.

1. d2—d4	d7—d5
2. e2—e3	e7—e6
3. Lf1—d3	c7—c5
4. c2—c3	Sb8—c6
5. f2—f4	Sg8—f6
6. Sb1—d2!	

Verhindert Se4 und will nach Sg1—f3—e5 Sd2—f3 durchführen.

6. ...	Lf8—d6
7. Sg1—f3	c5:d4
8. c3:d4	Lc8—d7!

Die beste Verteidigung. Es droht Sb4 und je nachdem Tc8 oder Lb5 mit weiterer Beunruhigung.

9. a2—a3!	Ta8—c8
10. Dd1—e2	Dd8—b6
11. 0—0	Sc6—e7

Will Sf5 verwirklichen, kommt aber nicht mehr dazu. Empfehlenswert war der Versuch am Damenflügel 11. ... a5.

12. Sf3—e5	Ld7—c6
13. b2—b4!	

Beginn der Einschnürung am Damenflügel.

13. ... Lc6—a4
14. Lc1—b2 La4—c2

Schwarz will auf diese Weise den gefährlich erscheinenden weißen Läufer los werden.

15. Ta1—c1 Lc2:d3
16. De2:d3 0—0
17. Sd2—b3!

Verhindert a5 und nimmt c5 in Besitz. Eine dort festgesetzte Figur wird nur durch weitere Schwächung der Stellung zu vertreiben sein.

17. ... Ld6:e5
18. d4:e5!

Eine weitere Feinheit: nun kommt auch der Läufer zum Wort. Die Öffnung der f-Linie ist durchaus nicht dringend, es findet sich noch Zeit dazu.

18. ... Sf6—e4
19. Lb2—d4 Db6—d8
20. Tc1:c8 Se7:c8

Da der a-Bauer sonst ungeschützt bleibt, ist Schwarz gezwungen, noch ein Tempo einzubüßen.

21. Sb3—c5 Se4:c5
22. Ld4:c5 Tf8—e8
23. f4—f5!

Weiß ist Herr am Damenflügel; nun ist die Gelegenheit da, auch am Königsflügel etwas zu unternehmen. Vorläufig droht f6!

23. ... b7—b6
24. Lc5—d4 e6:f5
25. Dd3:f5 Dd8—c7
26. Df5—f3 Dc7—d7
27. b4—b5!

Die Einschnürung wird vollständig, der Bauer ist weder jetzt noch später zu schlagen.

27. ... Te8—f8
28. Df3—g3!

Droht vermittels 29. Dg7:† Kg7:, 30. e6† Kg8, 31. ed7: Se7, 32. Tc1 und Tc7 eine Gewinnstellung herbeizuführen.

28. ... Tf8—d8
29. Tf1—c1!

29. ... g7—g6

Es drohte e6 und nachher Tc7. Dagegen bietet Df5 keine Verteidigung, denn es folgt 30. e6 f6, 31. Dc7! Tf8, 32. Dc8:! usw.

30. Tc1—c6 Td8—e8

Der nächste Zug von Weiß war nicht zu verhindern.

31. e5—e6!

Weiß opfert einen Bauern, um im entstehenden Endspiel das Schiff mit sicherer Hand in den Gewinnhafen zu steuern. Die eingeengte schwarze Stellung ist zum Widerstand unfähig.

31. ... Te8:e6
32. Dg3—c7! Dd7:c7
33. Tc6:c7 Te6—e8

Falls der Springer zieht, gewinnt Ta7: leicht.

34. a3—a4

Gegen Sd6 gerichtet.

34. ... Kg8—f8
35. g2—g4 g6—g5

Der weitere Vormarsch mußte verhindert werden.

36. Kg1—f2

Einleitung des Schlußmanövers: der weiße König wird am Damenflügel eindringen.

36. ... h7—h6
37. Kf2—e2 Kf8—g8
38. Ke2—d3 Te8—f8
39. Tc7—d7 Kg8—h7
40. Td7:d5 Tf8—e8

Führt zu einem raschen Ende. Ein der feinen Spielführung würdigeres Finale ergäbe sich nach Kg6, und zwar 41. Td7 f6, 42. Kc4 Tf7, 43. Tf7: Kf7:, 44. Kd5 Se7†, 45. Kd6 f5, 46. Kc7 fg4:, 47. e4! h5, 48. Kb7, und die Flügelbauern fallen.

41. Td5—d7 Te8—e7
42. Td7—d8 Aufgegeben.

Nach Tc7 43. Th8† Kg6, 44. Tg8† Kh7, 45. Tg7† Kh8, 46. Tf7:† ist jeder Widerstand aussichtslos.

91. Caro-Kann

Eine berühmte Capablanca-Partie: Einbruch in eine abgeriegelte Stellung, vollständige Lahmlegung des Gegners.

Nimzowitsch Capablanca
New York 1927, Spezialpreis für die beste strategische Leistung.

1. e2—e4 c7—c6
2. d2—d4 d7—d5
3. e4—e5

Ein Lieblingszug von Nimzowitsch, auch in der französischen Partie.

3. ... Lc8—f5
4. Lf1—d3 Lf5:d3
5. Dd1:d3 e7—e6
6. Sb1—c3 Dd8—b6
7. Sg1—e2 c6—c5
8. d4:c5 Lf8:c5
9. 0—0 Sg8—e7
10. Sc3—a4

Aljechin empfiehlt a3, worauf Schwarz über die einzige Antwort Dc6 verfügt.

10. ... Db6—c6
11. Sa4:c5 Dc6:c5
12. Lc1—e3 Dc5—c7
13. f2—f4

Weiß hat zu seinem Unglück keinen vernünftigeren Zug. Durch den geschehenen werden seinem Läufer einige Felder unzugänglich und sein Königsflügel etwas schwach.

13. ... Se7—f5

Dieser Springer ist nur durch weitere Schwächung der Stellung zu vertreiben.

14. c2—c3

Aljechin befürwortet Tac1, um den weiteren Vorstoß dieses Bauern vorzubereiten.

14. ... Sb8—c6
15. Ta1—d1 g7—g6
16. g2—g4

Wurde von Aljechin als entscheidender Fehler gebrandmarkt und statt dessen neuerlich Lf2, Td2, Tc1 empfohlen, mit baldmöglichem c4 usw.

16. ... Sf5:e3
17. Dd3:e3 h7—h5!
18. g4—g5

Linienöffnung wäre schädlich.

18. ... 0—0
19. Se2—d4 Dc7—b6
20. Tf1—f2 Tf8—c8
21. a2—a3 Tc8—c7

22. Td1—d3 Sc6—a5
23. Tf2—e2 Ta8—e8!

Stellt die Stellung gegen jedweden, mit f5 beginnenden, Überfall sicher.

24. Kg1—g2 Sa5—c6
25. Te2—d2

Jetzt und im nächsten Zuge käme der Springertausch in Betracht, aber auch dabei bliebe die schwarze Stellung überlegen.

25. ... Te8—c8
26. Td2—e2 Sc6—e7
27. Te2—d2 Tc7—c4
28. De3—h3

Es drohte Sf5, doch war Df2 vorzuziehen.

28. ... Kg8—g7
29. Td2—f2 a7—a5
30. Tf2—e2

Nach Réti mußte wieder Tfd2 geschehen, worauf das nun entscheidende Sf5 wirkungslos wäre, z. B.: 31. Sf5: gf5:, 32. Dh5: Th8, 33. Df3 Th4, 34. Td4 usw. Schwarz wäre also gezwungen, den Tausch des Sd4 auf Umwegen, durch a4, Sc6—a5—b3 herbeizuführen, worauf Weiß auf b3 tauschen muß, sonst folgt Sb3—c5—e4.

30. ... Se7—f5!
31. Sd4:f5†

Ted2 war auch nicht viel besser, denn Schwarz dringt nach der Tauschaktion auf der c-Linie ein.

31. ... g6:f5
32. Dh3—f3

Dh5: wäre unzulänglich wegen Th8 und Th4. Nach Fall des f-Bauern ist das weiße Spiel dann unhaltbar.

32. ... Kg7—g6
33. Te2—d2 Tc4—e4
34. Td3—d4 Tc8—c4!
35. Df3—f2 Db6—b5

Vermeidet den für Schwarz vorläufig unliebsamen Damentausch nach Tc4:.

36. Kg2—g3

In Erwägung kam Tc4: nebst Td4. Weiß sollte die Stellung womöglich geschlossen halten.

36. ... Tc4:d4
37. c3:d4

Td4: war wegen Te2 nicht angängig.

37. ... Db5—c4
38. Kg3—g2 b7—b5
39. Kg2—g1

Die einzige mobile Figur des Weißen ist der König, bald wird aber auch ihm Halt geboten.

39. ... b5—b4
40. a3:b4 a5:b4
41. Kg1—g2 Dc4—c1
42. Kg2—g3

Es gibt keine Rettung, auf h4 entsteht nach b3 wieder Zugzwang.

42. ... Dc1—h1
43. Td2—d3

Die Stellung ist hoffnungslos, denn auf 44. Df3 folgt h4†, auf 44. Te2 aber Dd1!, und Weiß muß sofort die Waffen strecken.

43.	...	Te4—e1
44.	Td3—f3	Te1—d1!
45.	b2—b3	

Wieder eine Zugzwangstellung! Auf 45. De3 gewinnt Tg1† sofort, auf 45. Kh3 oder Kh4 entscheidet Td2!, auf 45. h3 folgt Tg1† 46. Kh4 Tg4‡, auf 45. Tb3 endlich Tf1! 46. Dd2 Tg1†, 47. Kh3 Tg4.

45.	...	Td1—b1!
46.	Tf3—e3	Tb1—f1

Aufgegeben.

92. Dreispringerspiel

Der Verlauf der Partie zeigt alle Vorzüge der Spielführung Maróczys.

Maróczy Grünfeld

Wien 1920, Spezialpreis für das beste Endspiel.

1.	e2—e4	e7—e5
2.	Sg1—f3	Sb8—c6
3.	Sb1—c3	Lf8—b4
4.	Sc3—d5	Sg8—f6
5.	Lf1—c4	0—0

Nach Se4: 6. 0—0 0—0, 7. d4 wiegt der Entwicklungsvorsprung den Bauern auf.

6.	c2—c3	Lb4—e7
7.	Sd5:f6†!	

Ein ausgezeichneter Tausch, der schwarze Läufer bleibt untätig.

7.	...	Le7:f6
8.	d2—d3	d7—d6
9.	h2—h3	h7—h6

Vor größeren Unternehmungen sichern beide Partner ihre eigene Stellung.

10.	0—0	Lc8—d7
11.	Lc4—b3	

Gegen eventuelles Sa5 gerichtet.

11.	...	Sc6—e7
12.	d3—d4	Se7—g6
13.	Tf1—e1	c7—c6
14.	Lc1—e3	Lf6—e7
15.	Kg1—h1	Dd8—c7
16.	Sf3—g1	Kg8—h7
17.	Sg1—e2	Ta8—e8
18.	f2—f4	e5:f4
19.	Se2:f4	d6—d5!

Lh4 wäre wegen 20. Tf1! ein Schlag ins Wasser: der Bauer e4 ist darauf wegen Sg6: tabu.

20.	Sf4:g6	f7:g6
21.	e4—e5!	

Nach ed5: Lh4, 22. Te2 Dg3 bliebe Schwarz am Ruder.

21.	...	Dc7—c8
22.	Kh1—h2	Ld7—f5
23.	Te1—f1	Lf5—e4
24.	Dd1—e2	Tf8—f5
25.	g2—g4!	

Sonst würde Tef8 folgen.

25.	...	Tf5:f1
26.	Ta1:f1	Te8—f8
27.	Tf1:f8	Dc8:f8
28.	Kh2—g3!	

Beginn des Endspiels. Weiß hat den Gegenangriff zurückgewiesen und pocht auf seinen gedeckten Freibauern.

28.	...	Df8—d8
29.	Lb3—c2	Le7—h4†
30.	Kg3—h2	Le4:c2
31.	De2:c2	Dd8—f8
32.	Kh2—g2	Df8—f7
33.	Le3—f2	Lh4—d8

Das Damen- oder Bauernendspiel wäre für Weiß leicht gewonnen.

34.	a2—a4	Kh7—g8
35.	Dc2—e2	Df7—e6
36.	De2—d3	Kg8—f7
37.	Dd3—f3†	Kf7—e8
38.	b2—b3	Ke8—d7
39.	Df3—d3	Kd7—e8
40.	Lf2—e1	Ke8—d7
41.	c3—c4!	Kd7—e8

42. c4—c5	Ke8—d7
43. b3—b4	a7—a6
44. b4—b5!	a6:b5
45. a4:b5	Kd7—e8
46. Dd3—b1	Ke8—f7
47. b5:c6	b7:c6
48. Db1—b7†	Lf8—e7

Auf Königszüge erfolgt die Antwort Db8.

49. Le1—h4 g6—g5

Nach dem Generalabtausch dringt der weiße König über die a-Linie ein.

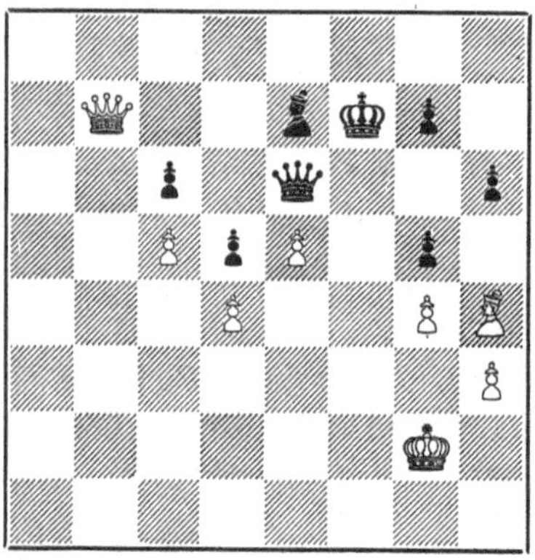

50. Lh4—f2!

Im Falle von 50. Le1 folgt h5! 51. Kg3 hg4:, 52. hg4: Dh6!, 53. Dc8? Dh4† usw.

50. ... g7—g6

Auf einen Damenzug antwortet Weiß 51. Dc8, und es bringt entweder der Damentausch, oder, nach e6† nebst Dg8, der Mattangriff die Entscheidung, während auf andere Züge sich der Gewinn ähnlich der Partiefortsetzung gestaltet.

51. Lf2—e1!

Da die oben angegebene schwarze Drohung ausgeschaltet wurde, dringt der weiße Läufer am Damenflügel ein.

51. ...	Kf7—g8
52. Db7—a8†	Kg8—f7

Oder Kg7 53. De8.

53. Le1—a5	De6—d7
54. Da8—b8	h6—h5
55. Kg2—g3	h5:g4
56. h3:g4	Kf7—g7
57. La5—b6	Kg7—h7

Auf Kf7 entscheidet 58. Dh8.

58. Db8—a8	Kh7—g7
59. Lb6—a5	Kg7—h7
60. Da8—b8	Kh7—g7
61. La5—c7!	Kg7—f7!
62. Kg3—h3!	Dd7—e8

Schwarz hat sich umsichtig verteidigt, kann aber dem Tausch nicht entweichen. Nach 62. ... Kg7, 63. Ld6 Ld8, 64. e6! wird Weiß mit einer Figur mehr langsam aber sicher gewinnen. Schwarz hat nur geringe Remischancen.

63. Db8:e8†	Kf7:e8
64. Kh3—g3	Ke8—d7
65. Lc7—b6	

Ld6 verbietet sich, denn der eingesperrte Läufer würde Luft bekommen.

65. ...	Kd7—c8
66. Kg3—f3	Kc8—d7
67. Kf3—e3	Kd7—c8
68. Ke3—d3	Kc8—d7
69. Kd3—c3	Kd7—c8
70. Kc3—b4	Kc8—b8
71. Kb4—a5	Kb8—b7
72. Ka5—a4	Kb7—c8
73. Lb6—a5	Kc8—b8
74. e5—e6!	Le7—f6
75. La5—d2	Kb8—c8
76. Ka4—a5	Kc8—b7
77. Ld2—e1!	Lf6—d8†
78. Ka5—a4	Kb7—c8

Auf Lf6 gewinnt 79. Lg3 Kc8, 80. Ka5 Ld4:, 61. Kb6 usw.

79. Le1—g3	Ld8—f6
80. Ka4—a5	Lf6:d4
81. Ka5—b6	Ld4—f6
82. Kb6:c6	d5—d4
83. Lg3—e5!	Aufgegeben.

93. Französische Partie

Ebenfalls ein studienhaftes Endspiel.

Aljechin Tartakower
Wien 1922, Spezialpreis für das beste Endspiel.

1. e2—e4 e7—e6
2. d2—d4 d7—d5
3. Sb1—c3 Sg8—f6
4. Lc1—g5 d5:e4
5. Lg5:f6 g7:f6
6. Sc3:e4 f6—f5
7. Se4—c3 Lf8—g7
8. Sg1—f3 0—0
9. Dd1—d2

Weiß trachtet nach dem Damenflügel zu rochieren. Nach 9. Lc4 c5!, 10. d5 b5!, 11. Lb5: könnte Da5! erfolgen und Schwarz würde durch Lc3: Dc3: und ed5: auf den offenen Linien vortreffliches Spiel erlangen.

9. ... c7—c5!
10. d4:c5 Dd8—a5
11. Sc3—b5 Da5:d2†
12. Sf3:d2 Sb8—a6

Lb2: 13. Tb1 Le5, 14. Sc4 ist für Weiß vorteilhafter.

13. c2—c3 Sa6:c5
14. Sd2—b3 Sc5:b3
15. a2:b3

Die Tauschmanöver haben zur Verbesserung der weißen Lage geführt; das schwarze Läuferpaar hat vorläufig wenig mitzureden.

15. ... a7—a6
16. Sb5—d6 Ta8—b8
17. b3—b4

Es soll b5 mit weiteren Linienöffnungen und Auflösung des Doppelbauern folgen.

17. ... Tf8—d8
18. 0—0—0

Einfacher war Sc8:.

18. ... Lg7—e5

Aljechin hat eher Ld7 und erst nachher Le5 befürchtet; deshalb war es zweckmäßiger, den Läufer früher zu tauschen.

19. Sd6:c8 Td8:d1†
20. Kc1:d1 Tb8:c8

Weiß geht mit einigen Aktivposten ins Endspiel, denn erstens sind die Bauern des Gegners schwach und stehen auf der Farbe des weißen Läufers, zweitens steht der weiße König etwas günstiger. Der Vorteil ist aber gering und schwer zu verwerten.

21. Lf1—e2 Kg8—f8
22. Kd1—c2 Tc8—c7
23. Th1—a1 Kf8—e7
24. h2—h3 f5—f4

Nach Aljechins Urteil ist die Stellung nach Ld4! 25. f3 Lb6 remisartig, denn der weiße Turm findet keine Einbruchspunkte.

25. Kc2—b3 Tc7—d7
26. Ta1—a5 Le5—c7

Nach Td5 gewinnt 27. Lf3! die Flügelbauern, während auf f6 gleichfalls 27. Lf3 erfolgen und nach b5! nebst Bauerntausch die Flügelbauern sich in Marsch setzen würden. Nach dem Textzug dringt der Turm ein, weshalb Schwarz versucht, mit einem ähnlichen Manöver dafür einen Ausgleich zu schaffen.

27. Ta5—h5 Td7—d2
28. Le2—f3 b7—b6
29. Th5:h7 Td2:f2
30. Lf3—h5!

Ein weit berechneter Plan, Weiß gewinnt letzten Endes die Qualität, aber Schwarz verbleibt mit zwei Freibauern.

30. ... Tf2:g2
31. Th7:f7† Ke7—d8

Kd6 verliert ohne irgendwelchen Gegenwert den Bf4.

32. Lh5—g4	e6—e5

Der einzige Zug.

33. Tf7—d7†	Kd8—c8
34. Td7—d2†	Tg2:g4
35. h3:g4	f4—f3!

Nach e4 würde Weiß durch 36. Td4! f3, 37. Te4: f2, 38. Te8† leicht gewinnen, während jetzt scheinbar keine Möglichkeit vorhanden ist, die Bauern zu stoppen.

36. Td2—d5!

Der versteckte Gewinnzug! Fehlerhaft wäre die Annäherung des Königs, z. B. 36. Kc2 e4, 37. Td4 e3! (Auf f2? wäre 38. Td1 nebst Kd2—e2 die Antwort.) 38. Kd1 Lg3, 39. Te4 e2†, 40. Kd2 Lh4 mit Remisschluß; oder 36. Kc4 e4, 37. Kd4 Lf4 und Schwarz gewinnt, denn e3 und e2 ist nicht zu verhindern. Auch 36. Th2 ist ungenügend wegen e4 37. Th8† Kd7, 38. Tf8 Lg3, 39. g5 Ld6!, denn König und Läufer greifen den Turm fortwährend an und dieser ist gezwungen, mit Rücksicht auf den f-Bauernd auf der f-Linie zu verbleiben — also Remis, und endlich genügt auch 36. g5 nicht; nach e4 37. Td5 f2, 38. Tf5 e3, 39. g6 e2, 40. g7 e1D, 41. g8D† Kb7 ist ein Gewinn für Weiß nicht ersichtlich.

36. ...	e5—e4

Nach f2 37. Td1 e4, 38. Kc2 e3 (Lf4 39. Tf1 und 40. Kd1) 39. Kd3 sind die Bauern ungefährlich.

37. Td5—f5	Lc7—g3
38. g4—g5	Kc8—d7

e3 39. Tf3: e2, 40. Te3 e1D, 41. Te1: Le1: verliert wegen 42. g6 usw.

39. g5—g6	Kd7—e6
40. g6—g7	Ke6:f5
41. g7—g8D	Lg3—f4

Weiß gewinnt auch auf jeden anderen Zug.

42. Dg8—f7†	Kf5—g4

Auf Ke5 folgt 43. c4 und ein Bauer wäre sofort verloren.

43. Df7—g6†	Lf4—g5
44. Dg6:e4†	Kg4—g3
45. De4—g6!	Kg3—g4
46. Dg6:b6	Aufgegeben.

94. Französische Partie

Die berühmteste Endspielleistung des großen Endspielkünstlers.

Marco — Maróczy

Wien 1899, Spezialpreis für die beste Endspielführung.

1. e2—e4	e7—e6
2. d2—d4	d7—d5
3. e4:d5	e6:d5
4. Lf1—d3	Lf8—d6
5. Sg1—f3	Sg8—f6
6. 0—0	0—0
7. c2—c3	c7—c6
8. Lc1—g5	Lc8—g4
9. Sb1—d2	Sb8—d7
10. Dd1—c2	Dd8—c7
11. Tf1—e1	

Man glaubt eine arabische Tabija vor sich zu haben, nun hört aber die Symmetrie auf!

11.	...	Ta8—e8
12.	Lg5—h4	Lg4—h5
13.	Lh4—g3	Ld6:g3
14.	h2:g3	Lh5—g6
15.	Te1:e8	Tf8:e8
16.	Ld3:g6	h7:g6
17.	Ta1—e1	

Weiß würde sich gerne mit Remis begnügen, daher die fortwährenden Tauschofferten.

17.	...	a7—a6
18.	Dc2—b1	Kg8—f8
19.	Te1:e8†	Sf6:e8
20.	a2—a3	

Richtiger war De1, aus dem Nachahmen der Züge schlägt der ungarische Großmeister Kapital.

20.	...	Dc7—d8
21.	Db1—e1	Dd8—e7
22.	De1:e7†	Kf8:e7
23.	Kg1—f1	Se8—d6

Weiß hat nach und nach drei Tempi verloren: soviel Züge würde Weiß benötigen, um die Symmetrie wiederherzustellen. Das genügt dem erfahrenen Gegner zur Besetzung der Schlüsselpunkte der Stellung.

24.	Kf1—e2	f7—f6
25.	Sf3—e1	b7—b5
26.	b2—b4	

Zur Verhinderung des unangenehm drohenden a5.

26.	...	Sd7—b6
27.	f2—f3	Sb6—c4
28.	Sd2—b1	

Einfacher war es jedenfalls, den Springer zu tauschen, obwohl das schwarze Spiel auch hierauf den Vorzug verdiente.

28.	...	Sd6—f5
29.	g3—g4	

Früher oder später muß dieser Zug doch geschehen.

29.	...	Sf5—e3

Die Auswirkung der Tempoverluste: die schwarzen Springer drosseln die weiße Streitmacht.

30. Ke2—f2?

Die einzige Fortsetzung, die Gegenchancen versprach, bestand in g3, um den Se1 mobilisieren zu können (Sd3—c5 usw.). Marco war wahrscheinlich der Meinung, daß seine kompakt und geschlossen erscheinende Stellung gegen jeden Einbruchsversuch verteidigt werden kann.

30.	...	g6—g5
31.	Kf2—e2	

Sd3 war in diesem Moment unzureichend wegen Sc2 32. Sc5 S2a3:, 33. Sa3: Sa3:, 34. Sa6: Sb1. Jetzt und in den nächsten Zügen bestand immer noch die Möglichkeit zu g3; inzwischen haben sich aber die in der Stellung liegenden Chancen stets mehr und mehr zugunsten von Schwarz verschoben.

31.	...	g7—g6
32.	Ke2—f2	Ke7—d6!

Schwarz sichert vorläufig seinen Damenflügel gegen jede Überraschung.

33.	Kf2—e2	Kd6—c7
34.	Ke2—f2	Kc7—b6
35.	Kf2—e2	a6—a5
36.	Ke2—f2	a5—a4

Damit ist die Einschnürung vollständig geworden; die weißen Springer dürfen nicht ziehen, sonst ist der Bauer a3 sofort verloren.

37.	Kf2—e2	Kb6—c7
38.	Ke2—f2	Kc7—d6

39. Kf2—e2 Kd6—e7
40. Ke2—f2 Ke7—f7
41. Kf2—e2 Kf7—g7
42. Ke2—f2 Kg7—h7!
43. g2—g3

Ein Dutzend Züge hindurch hat Weiß die Züge wiederholen können; nun zwingt ihn die Drohung Kh6 und f5 zur Unterlassung des Pendelverkehrs.

43. ... Kh7—h6
44. Kf2—e2 f6—f5!
45. g4:f5 g6:f5
46. Ke2—f2 Kh6—h5
47. Kf2—e2 f5—f4
48. g3:f4 g5:f4
49. Ke2—f2 Kh5—g5!

Zum zweiten Male greift Schwarz zum Tempospiel (Dreiecksnutzung), um in die weiße Stellung einbrechen zu können.

50. Kf2—e2 Kg5—h4
51. Ke2—f2 Kh4—h3
52. Se1—d3

Die einzige Möglichkeit, denn Ke2 Kg3, 53. Kd3 Kf2! verliert rasch.

52. ... Se3—c2
53. Sd3:f4† Kh3—h4
54. Sf4—d3

Weiß hat zwar seinen Bauern frei gemacht, kann aber diesen Umstand nicht ausnützen, denn der gedeckte schwarze a-Bauer droht verheerend vorzumarschieren, z. B. 54. Sg6† Kg5, 55. Se5 S2a3:, 56. Sa3: Sa3:, 57. Sc6: Sc4 und der Bauer läuft!

54. ... Sc2:a3
55. Sb1:a3 Sc4:a3
56. Sd3—c1

Wie leicht ersichtlich, erzwungen, denn es drohte Sb1 und Vormarsch des Bauern.

56. ... Sa3—b1
57. Sc1—a2 Kh4—h3!
58. Kf2—e3 Kh3—g3
59. f3—f4

Nach Ke2 Sa3 kommt der Springer über c4 zur Hilfe, der f-Bauer fällt und der a-Bauer bringt, wie in der Partie, die Entscheidung.

59. ... Kg3—g4
60. f4—f5 Kg4:f5
61. Ke3—d3

Nach Kf3 Sd2†, 62. Ke3 Se4 gelangen wir zur Partiefortsetzung, nur mit dem Unterschiede, daß der Springer inzwischen ein besseres Feld bezogen hat.

61. ... Kf5—f4
62. Sa2—c1 Kf4—f3
63. Kd3—c2 Sb1—a3†
64. Kc2—d3 Kf3—f2
65. Kd3—d2 Sa3—c4†
66. Kd2—d1

Das Eindringen des schwarzen Königs war auch durch Kd3 nicht zu hindern: Ke1 67. Kc2 Se3†, 68. Kd3 Kd1! usw.

66. ... Kf2—e3
67. Kd1—c2 a4—a3!
68. Sc1—a2

Nach Sb3 entscheidet a2 sofort.

68.	...	Sc4—b2
69.	Sa2—c1	Sb2—d3!!
70.	Sc1—b3	

Der Springer war wegen a2! usw. nicht zu nehmen, während bei 70. Sa2 Ke2, 71. Kb3 Kd2!, 72. Ka3: Kc2 der weiße Springer durch Zugzwang verloren geht.

70.	...	Sd3—e1†
71.	Kc2—d1	Ke3—d3!
72.	Kd1:e1	Kd3:c3
73.	Sb3—a1	Kc3:d4!

Damit vermeidet er die letzte Remisfalle: Kb2? 74. Kd2 Ka1:, 75. Kc2 und der schwarze König kommt nicht heraus.

74.	Sa1—c2†	Kd4—c3
75.	Ke1—d1	

Sa3:, Kb2! usw.

75.	...	a3—a2
76.	Kd1—c1	d5—d4
77.	Sc2—a1	d4—d3
78.	Sa1—c2	c6—c5!

Weiß streckte die Waffen, denn nach 79. bc5: kann der Springer genommen werden, die Pattgefahr ist aufgehoben, und auf andere Züge gewinnt cb4: nunmehr spielend. Eine Filigranarbeit, in der Schachliteratur einzig dastehend.

95. Damenbauereröffnung

Der damals 57jährige Haudegen führte die Partie mit jugendlicher Frische und komponierte ein überraschendes Finale.

Janowski Sämisch
Marienbad 1925, II. Schönheitspreis.

1.	d2—d4	Sg8—f6
2.	Sg1—f3	e7—e6
3.	Lc1—g5	c7—c5
4.	e2—e3	Sb8—c6
5.	Sb1—d2	b7—b6
6.	c2—c3	Lc8—b7
7.	Lf1—d3	c5:d4

Energischer war d5, um das Feld e4 zu kontrollieren.

8.	e3:d4	Lf8—e7
9.	Sd2—c4	0—0
10.	Dd1—e2	Dd8—c7
11.	h2—h4!	h7—h6
12.	De2—d2!	Sf6—g4

Nach hg5: 13. hg5: Tfe8 wäre die Lage des Schwarzen etwas günstiger als in der Partie.

13.	Lg5—f4	d7—d6
14.	Sc4—e3	Sg4:e3

Es gibt nichts besseres, denn Sf6 15. g4 wäre noch schlimmer.

15.	Dd2:e3	h6—h5

Es drohte Lh6: usw.

16.	Th1—h3	e6—e5
17.	d4:e5	Sc6:e5
18.	Sf3:e5	d6:e5
19.	Lf4:e5	Le7—d6
20.	De3—h6!!	

Eine grandiose Überraschung! Schwarz streckte die Waffen, denn sofortiges Matt ist nur durch f6 zu vermeiden, worauf 21. Tg3 leicht gewinnt.

96. Sizilianische Partie

Schwarz entdeckt die in der Stellung schlummernde prächtige verborgene Kombination, und damit war auch die Entscheidung gefallen.

Reggio — Mieses
Monte Carlo 1903, Schönheitspreis.

1. e2—e4 c7—c5
2. d2—d4 e7—e6
3. Sb1—c3 Sb8—c6
4. Sg1—f3 c5:d4
5. Sf3:d4 Sg8—f6
6. Sd4:c6

Kein sehr gelungener Plan, denn er verstärkt das schwarze Bauernzentrum. Weiß bekommt zwar Angriff, es bleibt aber fraglich, ob dieser den Stellungsnachteil aufwiegt.

6. ... b7:c6
7. e4—e5 Sf6—d5
8. Sc3—e4 Dd8—c7
9. f2—f4 f7—f5
10. e5:f6 i. V. Sd5:f6

gf6: wäre nicht gut wegen 11. c4.

11. Se4:f6† g7:f6
12. Dd1—h5† Ke8—d8
13. Lc1—d2 d7—d5!

Es drohte 14. La5.

14. c2—c4 Ta8—b8

Die Vorteile der besseren Stellung melden sich an.

15. Dh5—h4 Lf8—e7
16. Ld2—c3 Dc7—b6
17. Lf1—e2

Lf6: war höchst gefährlich, denn Schwarz bekommt für den Bauern nach 17. ... De3†, 18. Le2 Tb2:, 19. Le7:† Kd7, 20. Df2 Dd2† einen flotten Angriff.

17. ... Kd8—d7
18. c4:d5

Auf Lf6: würde Db2:! mit günstiger Abwicklung für Schwarz folgen.

18. ... c6:d5
19. Ta1—d1

Noch immer war Lf6: verboten.

19. ... Th8—g8
20. Dh4—h3

Deckt g2 und droht mit 21. Td5:†.

20. ... f6—f5
21. Th1—f1 Lc8—a6
22. Le2—d3

Es folgt eine gewaltige Überraschung.

22. ... Tg8—g3!!
23. Dh3:g3 Le7—h4!
24. Ld3:a6

Weiß ist gezwungen, seine Dame einstehen zu lassen, wenn er nicht Matt werden will.

24. ... Lh4:g3†
25. h2:g3 Db6:a6

Jetzt erweist das feste Bauernzentrum gute Dienste! Bei offener Stellung wäre die Lage des Weißen wohl nicht ganz hoffnungslos.

26. Tf1—h1 Tb8—g8!
27. Th1:h7† Kd7—c6
28. Th7—h6

Stärker Ld4!

28. ...	Kc6—b5
29. Td1:d5†	e6:d5
30. Th6:a6	Kb5:a6

Das Spiel ist gewonnen, aber Vorsicht noch geboten.

31. Ke1—f2	Ka6—b5
32. b2—b3	Kb5—c5
33. Kf2—f3	d5—d4
34. Lc3—d2	Kc5—d5
35. Ld2—e1	Tg8—c8
36. g3—g4	f5:g4†
37. Kf3:g4	Tc8—c2
38. g2—g3	d4—d3
39. Kg4—g5	d3—d2

Aufgegeben.

97. Holländische Verteidigung

Schwarz opfert instinktmäßig eine schwere Figur, beschwört beinahe unberechenbare Verwicklungen herauf und entscheidet den messerscharfen Kampf mit einigem Glück für sich. Tartakowers unsterbliche Partie!

Maróczy — Tartakower
Teplitz-Schönau 1922, III. Schönheitspreis.

1. d2—d4	e7—e6
2. c2—c4	f7—f5
3. Sb1—c3	Sg8—f6
4. a2—a3	

Beugt der Fesselung durch Lb4 vor. Maróczys Lieblingszug, um e4 besser kontrollieren zu können.

4. ...	Lf8—e7
5. e2—e3	

In Betracht kam Lf4.

5. ...	0—0
6. Lf1—d3	d7—d5
7. Sg1—f3	c7—c6

Die Besetzung des Feldes e4 wäre jetzt noch verfrüht: Se4 8. cd5: ed5:, 9. Db3! usw.

8. 0—0	Sf6—e4
9. Dd1—c2	Le7—d6
10. b2—b3	Sb8—d7
11. Lc1—b2	Tf8—f6

Besser war Df6, der Gegner findet aber zum Glück nicht die richtige Antwort.

12. Tf1—e1?

Se5! sollte geschehen. Schwarz darf nicht zweimal schlagen, weil sich dann die latente Kraft des Lb2 geltend machen würde. Nach dem Textzug kann Tartakower nun einen gefährlichen Angriff in Szene setzen.

12. ...	Tf6—h6
13. g2—g3	

Es drohte bereits Lh2:† gefolgt von Dh4 usw.

13. ...	Dd8—f6
14. Ld3—f1	

Nach Sd2 würde Sf2:! 15. Kf2: Th2:†, 16. Kg1 Lg3: ein rasches Ende herbeiführen.

14. ... g7—g5!

Damit droht g4 und nach Sd2 das vorige Abspiel.

15. Ta1—d1

Lg2 war besser.

15. ...	g5—g4
16. Sc3:e4	

Auf Sd2 würde Sf2:, auf Sh4 Th4: folgen.

16. ...	f5:e4
17. Sf3—d2	Th6:h2!!
18. Kg1:h2	

Erzwungen, denn es drohte Df2:‡, und auf 18. Se4: gewinnt Dh6.

18. ... Df6:f2†
19. Kh2—h1

Die beste Antwort! Nach Lg2 folgt nicht das scheinbar energische Dg3:†, sondern das stille Sf6! und Aktivierung der Schwarzfiguren des Damenflügels durch Ld7, Tf8 und Sh5.

19. ... Sd7—f6!
20. Te1—e2 Df2:g3
21. Sd2—b1 Sf6—h5
22. Dc2—d2

Zur Deckung des Be3; auf 22. Tg2 wurde Dh3† 23. Kg1 De3:† folgen, wobei Schwarz bereits sehr viele Bauern hätte.

22. ... Lc8—d7!
23. Te2—f2

Gegen Tf8 gerichtet, besser war aber De1, worauf der Gewinn durchaus nicht sicher wäre. Die beste Fortsetzung bestand in 23. ... Df3†, 24. Tg2 Sg3† 25. Kg1 Sf1:, 26. Df1: De3:†, 27. Df2 Df2:† 28. Kf2: Tf8†, 29. Ke2 h5 und Weiß wird Gegenspiel finden!

23. ... Dg3—h4†
24. Kh1—g1 Ld6—g3!

Schwarz muß immer die stärksten Züge treffen. Auf das scheinbar bessere Sg3 würde der Angriff nach 25. Lg2 auf einen toten Punkt kommen.

25. Lb2—c3

Auf irgend einen Turmzug folgt Tf8, aber 25. Th2 könnte versucht werden, z. B. Lh2:† 26. Dh2: Dg5, 27. Lc1 g3, 28. Dh1 Tf8 usw. Weiß hätte etwas mehr Raum zur Verfügung und leichteres Spiel als im Text.

25. ... Lg3:f2†
26. Dd2:f2 g4—g3
27. Df2—g2 Ta8—f8
28. Lc3—e1

Es drohte Tf2, dagegen hat Weiß bereits keine Hilfe, denn nach 28. Td2 Tf3, 29. Te2 Dg5, 30. Le1 h6! (Nun droht Te3: Ld2, Te2: usw.) 31. Ld2 Sf6, 32. Sc3 folgt Sg4, und der Vormarsch des h-Bauern bringt die Entscheidung. Derselbe Vormarsch entscheidet auch nach 28. Dh1 Dg5, 29. Te1 Tf2, 30. Lg2.

28. ... Tf8:f1†!

Wieder der kräftigste Zug. Weder Dh2† 29. Dh2: gh2:†, 30. Kh2: Tf1:, 31. Sd2 und Lh4, noch 28. ... e5, 29. Td2 (Es drohte Tf1:†!) ed4: 30. ed4: Tf3 und 31. ... Sf4 gewinnen auf so rasche Weise.

29. Kg1:f1 e6—e5!
30. Kf1—g1

Auf Lg3: bringt Sg3:† 31. Kf2 Lg4!, 32. Te1 Se2†, 33. Kf1 Kh8! die Entscheidung.

30. ... Ld7—g4
31. Le1:g3

Td2 war wegen Lf3 32. Lg3: Sg3:, 33. Dh2 Dh2:†, 34. Th2: ed4:, 35. ed4: Se2† nicht angängig. Schwarz gewinnt das Endspiel leicht.

31. ... Sh5:g3

Damit ist die Partie entschieden. Schwarz hat den Angriff behalten und das investierte Kapital zurückgewonnen.

32. Td1—e1 Sg3—f5
33. Dg2—f2 Dh4—g5
34. d4:e5

Schwarz gewinnt auch bei Kf1.

34. ... Lg4—f3†
35. Kg1—f1 Sf5—g3†

Aufgegeben.

98. Nimzoindische Verteidigung

Die an und für sich schöne Positionspartie wird durch einen Knalleffekt gekrönt.

Sämisch Grünfeld
Karlsbad 1929, I. Schönheitspreis.

1. d2—d4 Sg8—f6
2. c2—c4 e7—e6
3. Sb1—c3 Lf8—b4
4. a2—a3

Marke Sämisch, auch heute noch hochmodern.

4. ... Lb4:c3†
5. b2:c3 d7—d6
6. f2—f3

Weiß will ein festes Zentrum etablieren.

6. ... 0—0
7. e2—e4 e6—e5
8. Lf1—d3 Sb8—c6
9. Sg1—e2 Sf6—d7

Schwarz steht etwas gedrückt, ansonsten ist keine Gefahr vorhanden.

10. 0—0 b7—b6
11. Lc1—e3 Lc8—a6
12. Se2—g3 Sc6—a5
13. Dd1—e2 Dd8—e8
14. f3—f4

Nach Sicherstellung der Mitte setzt der Königsangriff ein.

14. ... f7—f6
15. Tf1—f3 Kg8—h8
16. Ta1—f1 De8—f7
17. f4:e5 d6:e5
18. d4—d5 Sa5—b7

Die Entscheidung muß am anderen Flügel erfolgen, Schwarz nimmt daher eine Umgruppierung vor.

19. Sg3—f5 Sb7—d6
20. Tf3—h3 g7—g6

Springertausch kam auch in Frage.

21. Sf5—h6 Df7—g7
22. g2—g4 g6—g5
23. Th3—h5 Sd7—c5
24. Le3:c5 b6:c5
25. Tf1—f3 Dg7—e7
26. Tf3—h3

Energischer war das sofortige h4!, Schwarz antwortet nun mit einer Gegendrohung.

26. ... La6—c8
27. De2—f2

Bc5 ist angegriffen und nach Wegzug des Springers soll 28. Sf5 Lf5:, 29. Df5: den Bh7 nochmals unter Feuer nehmen, Weiß führt aber seinen Plan nicht aus.

27. ... Sd6—e8
28. Th3—f3

Der bedrängte Th5 braucht Luft.

28. ... Se8—g7
29. Th5—h3 Lc8—d7

Schwarz führte bisher die schwere Verteidigung genau durch, hier aber greift er fehl. Nach 29. ... Se8, 30. Thg3 Kg7! ist kein Gewinn für Weiß zu sehen, während jetzt der Vormarsch des h-Bauern den schwarzen Bauernwall demoliert.

30. Th3—g3 Ld7—e8
31. h2—h4 g5:h4
32. Tg3—g2 h4—h3
33. Tf3:h3 Le8—g6
34. Th3—f3 Ta8—b8
35. Df2—h4 Tb8—b3
36. Tg2—f2! Tb3:c3

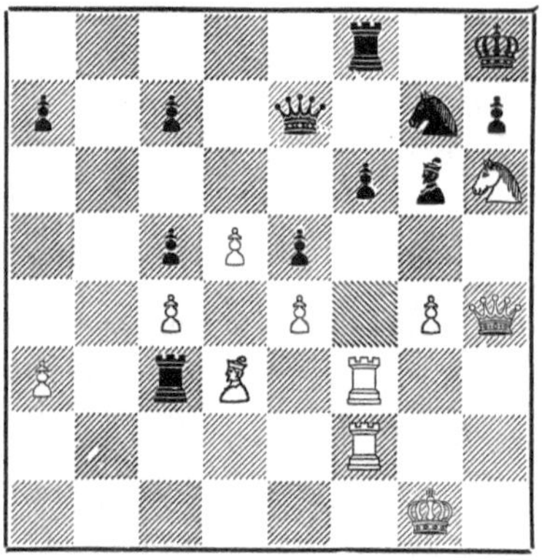

37. g4—g5!

Der Schlüsselzug, die schwarze Stellung wird bald unhaltbar.

37. ... Sg7—e8

Auch Td3: fruchtet nichts wegen 38. gf6:!

38. g5:f6 De7—d8

Der Bauer war mit Rücksicht auf 38. ... Sf6:, 39. Tf6: Tf6:, 40. Tf6: Td3:, 41. Tg6:! unantastbar.

39. Sh6—g4 Tc3:d3

Schwarz steht so elend, daß er nur auf ein Wunder hoffen kann.

40. Tf3:d3 Lg6:e4
41. Td3—e3 Se8—d6
42. Sg4:e5 Le4—f5
43. Tf2:f5!

Die schönste und zugleich stärkste Fortsetzung.

43. ... Sd6:f5
44. Se5—g6† Kh8—g8

Jetzt ist im weißen Lager alles bedroht!

Gewiß eine sehenswerte Stellung.

45. Te3—e7!

Se7† gewann ebenfalls, der Textzug ist aber reizend.

45. ... Tf8—f7

Wie leicht ersichtlich, die beste Antwort.

46. Te7:f7 Kg8:f7
47. Sg6—e5† Kf7—f8
48. Dh4:h7 Aufgegeben.

99. Nimzoindische Verteidigung

Eine historisch gewordene Falle!

Eliskases W. Henneberger
Liebwerda 1934, Spezialpreis.

1. d2—d4 Sg8—f6
2. c2—c4 e7—e6
3. Sb1—c3 Lf8—b4
4. e2—e3 0—0
5. Lf1—d3 d7—d6
6. Sg1—e2 e6—e5

Beide Spieler wandeln ihre eigenen Wege.

7. 0—0 c7—c5
8. d4:e5

d5 würde die Stellung allzu sehr verrammeln.

8. ... d6:e5
9. Dd1—c2 Lb4:c3
10. Se2:c3 Sb8—c6

Schwarz steht nicht schlechter, sein Spiel hat sich bewährt.

11. a2—a3 Lc8—e6
12. b2—b3 Dd8—e7
13. Lc1—b2 Ta8—d8
14. Ta1—d1 g7—g6
15. Sc3—e4 Sf6—h5
16. Se4—g3 Sh5:g3
17. h2:g3 De7—g5
18. Ld3—e4 Le6—g4
19. Td1—d5 Dg5—e7
20. Dc2—c3

Weiß möchte die Schwäche der langen Schräge nutzbar machen, dagegen ergreift Schwarz kräftige Maßnahmen.

20. ... f7—f6
21. f2—f4!?

Der Angriff ist sehr verlockend, als Preis muß die Schwächung des eigenen Königsflügels in Kauf genommen werden.

21. ... e5:f4
22. Tf1:f4 Sc6—e5
23. Td5:e5

Weiß nimmt den Fehdehandschuh auf.

23. ... Td8—d1†
24. Kg1—h2 f6:e5
25. Tf4:g4

Weiß hätte mit seinem Läuferpaar natürlich ausgezeichneteEndspielchancen, um aber soweit zu kommen, muß er vorher das Mittelspiel überstehen.

25. ... Tf8—f1

Droht Matt in einem Zuge.

26. Le4—d5†

Eliskases hat hier genau berechnet, daß im Falle von Kg7 oder Kh8 27. De5:† gewinnt, denn Tg4 wird mit Schach abziehen und dem weißen König den Weg räumen, während auf 26. ... Kf8, 27. Tf4†! Turmtausch erzwingt, da der Tf4 wegen Dh8‡ mit dem Bauern nicht genommen werden darf. Die verblüffende Antwort hat ihn offensichtlich moralisch erschüttert.

26. ... De7—f7!!
27. Ld5:f7†?

Allein 27. Tg6:†! Kf8! (hg6:? 28. Lf7:† nebst g4 usw.) 28. g4 Dg6:, 29. De5: versprach Rettung. Wegen der offenen Königsstellungen wäre der Ausgang der Partie noch sehr zweifelhaft, während nun die schwarze Riposte entscheidet.

27. ... Kg8—f8!

Aufgegeben, Weiß ist unrettbar Matt!

100. Italienische Partie

Ein Juwel in der Schatzkammer des Schachs, einer der schönsten kombinatorischen Opferangriffe der gesamten Schachliteratur.

Steinitz — Bardeleben

Hastings 1895, I. Schönheitspreis.

1. e2—e4 e7—e5
2. Sg1—f3 Sb8—c6
3. Lf1—c4 Lf8—c5
4. c2—c3 Sg8—f6
5. d2—d4 e5:d4
6. c3:d4 Lc5—b4†
7. Sb1—c3

Das einfache Ld2 und dieses Bauernopfer von Greco sind uralte Fortsetzungen

7. ... d7—d5

Obzwar die Stellung nach Annahme des Bauernopfers noch durchaus nicht ganz geklärt ist, war es doch ratsamer, mit 7. ... Se4:, 8. 0—0 Lc3: fortzusetzen. Weiß kommt nun ein wenig in Vorteil.

8. e4:d5 Sf6:d5
9. 0—0 Lc8—e6

Weder Sc3:, noch Lc3: war besser.

10. Lc1—g5 Lb4—e7
11. Lc4:d5 Le6:d5
12. Sc3:d5 Dd8:d5
13. Lg5:e7 Sc6:e7

Besser war die Antwort Ke7:, denn jetzt reißt Weiß die Führung der Partie endgültig an sich.

14. Tf1—e1!

Es droht Te5 und Aufmarsch der schweren Figuren auf dèr e-Linie.

14. ... f7—f6
15. Dd1—e2 Dd5—d7

Auch gegen Db5† mußte vorgesorgt werden.

16. Ta1—c1 c7—c6

Kd8 oder Kf7 sollte versucht werden. Steinitz beantwortet den Textzug auf feine Weise.

17. d4—d5!

Der frei gewordene Springer soll über d4 ins Kampfgeschehen eingreifen.

17. ... c6:d5

Kf7 war besser, aber durchaus nicht ausreichend. Nach 18. dc6: Sc6:, 19. Tcd1 Dc8, 20. Sd4 befindet sich Schwarz wegen der offenen Königsstellung in entscheidendem Nachteil. Nun aber geschehen Zeichen und Wunder.

18. Sf3—d4 Ke8—f7
19. Sd4—e6 Th8—c8

Das drohende 20. Tc7 kann durch Sc6 nicht verhindert werden, denn es folgt 20. Sc5 Dc8, 21. Sb7:! Db7:, 22. De6† Kg6, 23. Tc6: usw.

20. De2—g4 g7—g6

Siehe obenstehendes Diagramm!

21. Se6—g5†!!

Steinitz zaubert ein bewunderungswürdiges Feuerwerk aufs Brett.

21. ... Kf7—e8
22. Te1:e7†! Ke8—f8

Auf De7: folgt natürlich Tc8:†, auf 22. ... Ke7: aber 23. Te1† Kd6 (Kd8? 24. Se6† usw.) 24. Db4† Kc7 (Tc5? 25. Te6† usw.) 25. Se6† Kb8, 26. Df4†, und Weiß gewinnt. Wie soll aber nun Weiß das Spiel fortsetzen, wo alle Figuren einstehen und ihm selbst Matt droht?

23. Te7—f7†! Kf8—g8
24. Tf7—g7†! Kg8—h8

Nach Kf8 gewinnt Sh7:†.

25. Tg7:h7†! Aufgegeben,

es könnte noch folgen 25. ... Kg8, 26. Tg7† Kh8 (Kf8 27. Sh7†.) 27. Dh4† Kg7: 28. Dh7† Kf8, 29. Dh8† Ke7, 30. Dg7† Ke8 (Kd6 31. Df6:† nebst Matt im nächsten Zuge.) 31. Dg8† Ke7, 32. Df7† Kd8, 33. Df8† De8, 34. Sf7† Kd7, 35. Dd6‡. — Finis coronat opus!

Der Exweltmeister war 59 Jahre alt, als er diese Kraftleistung vollbrachte. Er äußerte sich gelegentlich scherzhaft: „Obwohl ich alt bin, darf mir niemand den Finger in den Mund stecken, sonst beiße ich!“.

Namenverzeichnis

Die Zahlen beziehen sich auf die Partienummer, Fettdruck bedeutet Gewinn.

Abramavicius 19
Ahues **16**
Alexander 26
Aljechin **26, 27, 44, 60,** 61, **66, 88, 93**
Bardeleben 73, 100
Bernstein 25
Bird **69**
Blackburne **15**
Bogoljubow 13, 16, **38**
Botwinnik **30**
Böök 65
Brinckmann 12
Burn 1, **66,** 74
Capablanca **12, 25, 40, 48, 49, 91**
Canal 71, **85**
E. Cohn 83
Colle **3, 24,** 35, **56**
Corzo 40
Duras **46, 63, 83**
Eliskases 29, **41, 68,** 99
Engel **43**
Euwe 52, 70, 79
Fahrni **59**
Feilitzsch 33
Flohr 55
Gilg **29**
Grünfeld 7, 24, 39, 41, **79,** 92, 98
Gunsberg 36
Halprin 28
Havasi 87
W. Henneberger **99**
l'Hermet 5
Isbinski 81
Janowski 18, 45, 62, **78, 89,** 90, **95**
P. Johner **35**
Kashdan **55**
Keres **33**
te Kolsté 2
Kostitsch **43**
Landau **65**
Em. Lasker 15, **22,** 48, 84
Leonhardt 8, **77**
Lilienthal 76
Lipke **18**
Marco **53,** 94
Maróczy **50, 51, 54, 70, 71, 82, 90, 92, 94,** 97
Marshall **1, 6, 10, 11,** 27, **34,** 50
Mason **45,** 69
Merényi **87**
Metger 14
Mieses **9,** 53, **62, 73, 80,96**
Mortimer 58
Möller 80
Muffang 68
Nielsen 20
Nimzowitsch 21, 32, 34, 91
O'Hanlon 3
Palau **2**
Perlis 9
Pillsbury **28,** 84
Ragosin 49, **76**
Rauser 30
Reggio 96
Réti **13,** 23, **31, 39,** 57
Richter **19, 20**
Rubinstein42, 44, **47,** 64, 89
Salwe 75
Sämisch 95, **98**
Schallopp **36**
Schewe 59
Schlechter **8,** 67, **75**
Snosko-Borowski 31, **74, 86**
Spielmann **4, 5, 7,** 37, 38, **42,** 46, 56, **64, 97**
Stahlberg 88
A. Steiner **17**
L. Steiner 85
Steinitz 22, **100**
Sultan Khan 54
Swiderski 6
Tarrasch **21, 37, 57, 72,** 77, 78
Tartakower 17, 66, 72, 82, 93, **97**
Taubenhaus 51
Teichmann 63, **67**
Thomas 11, 86
Tschigorin **58**
Vidmar **32, 52**
Walter 4
Wjachirew **81**
Wolf **23,** 47, 60
Yates 10, **61**
Zinkl **14**

UNSERE *Schach*-LITERATUR

Lehrbuch des Schachspiels

von Alfred Brinckmann

3., völlig neubearbeitete Auflage. Oktav. Mit 164 Diagrammen VIII, 160 Seiten. 1952. Kart. mit farbigem Umschlag DM 6,40

Großmeister Bogoljubow

von Alfred Brinckmann

Oktav. Mit zahlreichen Partien und Diagrammen. Ca. 100 Seiten. Ca. DM 5,50

Der Schachpraktiker

Ein Wegweiser für Lernende von Kurt Richter

Oktav. Mit zahlreichen Stellungsbildern. 85 Seiten 1949. DM 2,60

Schachmatt

Eine lehrreiche Plauderei für Fortgeschrittene über den Mattangriff im Schach

von Kurt Richter

Mit zahlreichen Diagrammen. Oktav. 95 Seiten. 1951 DM 4,20

Positions- und Kombinationsspiel im Schach

Eine Einführung in die höhere Schachstrategie

von Max Euwe

Oktav. Mit 132 Diagrammen. IV, 109 Seiten. 1951. DM 5,80

Im Banne des Schachproblems

von Ado Kraemer und Erich Zepler

Oktav. Mit zahlreichen Diagrammen. V, 158 Seiten. 1951 DM 6,80

DEUTSCHE SCHACHZEITUNG

Amtliches Organ des Deutschen Schachbundes herausgegeben von Rudolf Teschner unter ständiger Mitarbeit nambafter Schachmeister

Monatlich 24 Seiten kosten DM 3,60 im Halbjahr zuzüglich Postgebühren von DM 0,40. Für Mitglieder des Deutschen Schachbundes ermäßigter Preis von DM 3,25. Das Einzelheft kostet DM 0,80

WALTER DE GRUYTER & CO. / BERLIN W 35

FSC
www.fsc.org
MIX
Papier | Fördert gute Waldnutzung
FSC® C083411

Zeitfracht Medien GmbH
Ferdinand-Jühlke-Straße 7
99095 Erfurt, Deutschland
produktsicherheit@kolibri360.de